教育部高等学校食品科学与工程类专业教学指导委员会审定教材

面 向 21 世 纪 课 程 教 材
Textbook Series for 21st Century

普通高等教育“十四五”规划教材

食品微生物学实验技术

第 4 版

郝 林 孔庆学 方 祥 主编

中国农业大学出版社
· 北京 ·

内容简介

本教材系统地介绍了与食品微生物学教学、科研和生产有关的微生物学实验的基本原理和操作技术，同时还适当介绍了一些与当前生产实践有关的新技术，并采用了信息技术将内容加以扩展。全书共分3章，34个实验，包括显微镜技术、无菌操作技术、染色技术、形态结构观察、培养基制备、消毒灭菌、接种与培养、分离与纯化、生理生化反应、理化因素对微生物的影响、诱变育种、菌种保藏、食品中菌落总数及主要病原菌的检测、发酵微生物的分离检测技术、台式自控发酵罐的使用等内容。书后附有常用培养基及试剂的配制方法。

本教材适宜作为高等院校食品类专业本科食品微生物学实验教材，也可以作为相关专业研究生及科技人员的参考书和工具书。

图书在版编目(CIP)数据

食品微生物学实验技术/郝林，孔庆学，方祥主编. --4版. --北京：中国农业大学出版社，2021.8(2024.7重印)

ISBN 978-7-5655-2595-7

Ⅰ.①食… Ⅱ.①郝…②孔…③方… Ⅲ.①食品微生物-微生物学-实验-高等学校-教材 Ⅳ.①TS201.3-33

中国版本图书馆CIP数据核字(2021)第155791号

教育部高等学校食品科学与工程类专业教学指导委员会审定教材

书　　名　食品微生物学实验技术　第4版

作　　者　郝　林　孔庆学　方　祥　主编

策划编辑　宋俊果　王笃利　魏　巍　　**责任编辑**　刘耀华

封面设计　郑　川　李尘工作室

出版发行　中国农业大学出版社

社　　址　北京市海淀区圆明园西路2号　　**邮政编码**　100193

电　　话　发行部 010-62733489,1190　　读者服务部 010-62732336

编辑部 010-62732617,2618　　出　版　部 010-62733440

网　　址　http://www.caupress.cn　　**E-mail**　cbsszs@cau.edu.cn

经　　销　新华书店

印　　刷　运河(唐山)印务有限公司

版　　次　2021年11月第4版　　2024年7月第4次印刷

规　　格　185 mm×260 mm　16开本　11.25印张　280千字

定　　价　34.00元

普通高等学校食品类专业系列教材

编审指导委员会委员

（按姓氏拼音排序）

第4版编写人员

主　编　郝　林（山西农业大学）
孔庆学（天津农学院）
方　祥（华南农业大学）

副主编　梁志宏（中国农业大学）
许　倩（塔里木大学）
段　艳（内蒙古农业大学）

参　编　许　女（山西农业大学）
朱丽霞（塔里木大学）
王　洁（华南农业大学）
莫美华（华南农业大学）
任晓镤（塔里木大学）
杨　宁（山西农业大学）
褚盼盼（吕梁学院）
魏宗烽（信阳农林学院）

第3版编写人员

主　编　郝　林（山西农业大学）
孔庆学（天津农学院）
方　祥（华南农业大学）

副主编　梁志宏（中国农业大学）
许　倩（塔里木大学）
段　艳（内蒙古农业大学）

参　编　许　女（山西农业大学）
朱丽霞（塔里木大学）
林　捷（华南农业大学）
莫美华（华南农业大学）
任晓镤（塔里木大学）
杨　宁（山西农业大学）
褚盼盼（吕梁学院）
魏宗烽（信阳农林学院）

第2版编写人员

主　编　牛天贵（中国农业大学）

副主编　杨幼慧（华南农业大学）
　　　　孔庆学（天津农学院）

编　者　（按拼音顺序排列）
　　　　陈　静（淮海工学院）
　　　　侯红萍（山西农业大学）
　　　　李平兰（中国农业大学）
　　　　梁志宏（中国农业大学）
　　　　张　伟（河北农业大学）
　　　　钟士清（华南农业大学）

主　审　薛景珍　李淑高

第 1 版编写人员

主　编　牛天贵（中国农业大学）

副主编　孔庆学（天津农学院）
　　　　杨幼慧（华南农业大学）

编　者　（按拼音顺序排列）
　　　　陈　静（淮海工学院）
　　　　侯红萍（山西农业大学）
　　　　李平兰（中国农业大学）
　　　　梁志宏（中国农业大学）
　　　　张　伟（河北农业大学）
　　　　钟士清（华南农业大学）

主　审　薛景珍　李淑高

出版说明
（代总序）

岁月如梭，食品科学与工程类专业系列教材自启动建设工作至现在的第4版或第5版出版发行，已经近20年了。160余万册的发行量，表明了这套教材是受到广泛欢迎的，质量是过硬的，是与我国食品专业类高等教育相适宜的，可以说这套教材是在全国食品类专业高等教育中使用最广泛的系列教材。

这套教材成为经典，作为总策划，我感触颇多，翻阅这套教材的每一科目、每一章节，浮现眼前的是众多著作者们汇集一堂倾心交流、悉心研讨、伏案编写的景象。正是大家的高度共识和对食品科学类专业高等教育的高度责任感，铸就了系列教材今天的成就。借再一次撰写出版说明（代总序）的机会，站在新的视角，我又一次对系列教材的编写过程、编写理念以及教材特点做梳理和总结，希望有助于广大读者对教材有更深入的了解，有助于全体编者共勉，在今后的修订中进一步提高。

一、优秀教材的形成除著作者广泛的参与、充分的研讨、高度的共识外，更需要思想的碰撞、智慧的凝聚以及科研与教学的厚积薄发。

20年前，全国40余所大专院校、科研院所，300多位一线专家教授，覆盖生物、工程、医学、农学等领域，齐心协力组建出一支代表国内食品科学最高水平的教材编写队伍。著作者们呕心沥血，在教材中倾注平生所学，那字里行间，既有学术思想的精粹凝结，也不乏治学精神的光华闪现，诚所谓学问人生，经年积成，食品世界，大家风范。这精心的创作，与敷衍的粘贴，其间距离，何止云泥！

二、优秀教材以学生为中心，擅于与学生互动，注重对学生能力的培养，绝不自说自话，更不任凭主观想象。

注重以学生为中心，就是彻底摒弃传统填鸭式的教学方法。著作者们谨记“授人以鱼不如授人以渔”，在传授食品科学知识的同时，更启发食品科学人才获取知识和创造知识的思维与灵感，于润物细无声中，尽显思想驰骋，彰耀科学精神。在写作风格上，也注重学生的参与性和互动性，接地气，说实话，“有里有面”，深入浅出，有料有趣。

三、优秀教材与时俱进，既推陈出新，又勇于创新，绝不墨守成规，也不亦步亦趋，更不原地不动。

首版再版以至四版五版，均是在充分收集和尊重一线任课教师和学生意见的基础上，对新增教材进行科学论证和整体规划。每一次工作量都不小，几乎覆盖食品学科专业的所有骨干课程和主要选修课程，但每一次修订都不敢有丝毫懈怠，内容的新颖性，教学的有效性，齐头并进，一样都不能少。具体而言，此次修订，不仅增添了食品科学与工程最新发展，又以相当篇幅强调食品工艺的具体实践。每本教材，既相对独立又相互衔接互为补充，构建起系统、完整、实用的课程体系，为食品科学与工程类专业教学更好服务。

四、优秀教材是著作者和编辑密切合作的结果，著作者的智慧与辛劳需要编辑专业知识和奉献精神的融入得以再升华。

同为他人作嫁衣裳，教材的著作者和编辑，都一样的忙忙碌碌，飞针走线，编织美好与绚丽。这套教材的编辑们站在出版前沿，以其炉火纯青的编辑技能，辅以最新最好的出版传播方式，保证了这套教材的出版质量和形式上的生动活泼。编辑们的高超水准和辛勤努力，赋予了此套教材蓬勃旺盛的生命力。而这生命力之源就是广大院校师生的认可和欢迎。

第 1 版食品科学与工程类专业系列教材出版于 2002 年，涵盖食品学科 15 个科目，全部入选“面向 21 世纪课程教材”。

第 2 版出版于 2009 年，涵盖食品学科 29 个科目。

第 3 版(其中《食品工程原理》为第 4 版)500 多人次 80 多所院校参加编写，2016 年出版。此次增加了《食品生物化学》《食品工厂设计》等品种，涵盖食品学科 30 多个科目。

需要特别指出的是，这其中，除 2002 年出版的第 1 版 15 部教材全部被审批为“面向 21 世纪课程教材”外，《食品生物技术导论》《食品营养学》《食品工程原理》《粮油加工学》《食品试验设计与统计分析》等为“十五”或“十一五”国家级规划教材。第 2 版或第 3 版教材中，《食品生物技术导论》《食品安全导论》《食品营养学》《食品工程原理》4 部为“十二五”普通高等教育本科国家级规划教材，《食品化学》《食品化学综合实验》《食品安全导论》等多个科目为原农业部“十二五”或农业农村部“十三五”规划教材。

本次第 4 版(或第 5 版)修订，参与编写的院校和人员有了新的增加，在比较完善的科目基础上与时俱进做了调整，有的教材根据读者对象层次以及不同的特色做了不同版本，舍去了个别不再适合新形势下课程设置的教材品种，对有些教材的题目做了更新，使其与课程设置更加契合。

在此基础上，为了更好满足新形势下教学需求，此次修订对教材的新形态建设提出了更高的要求，出版社教学服务平台“中农 De 学堂”将为食品科学与工程类专业系列教材的新形态建设提供全方位服务和支持。此次修订按照教育部新近印发的《普通高等学校教材管理办法》的有关要求，对教材的政治方向和价值导向以及教材内容的科学性、先进性和适用性等提出了明确且具针对性的编写修订要求，以进一步提高教材质量。同时为贯彻《高等学校课程思政建设指导纲要》文件精神，落实立德树人根本任务，明确提出每一种教材在坚持食品科学学科专业背景的基础上结合本教材内容特点努力强化思政教育功能，将思政教育理念、思政教育元素有机融入教材，在课程思政教育润物细无声的较高层次要求中努力做出各自的探索，为全面高水平课程思政建设积累经验。

教材之于教学，既是教学的基本材料，为教学服务，同时教材对教学又具有巨大的推动作用，发挥着其他材料和方式难以替代的作用。教改成果的物化、教学经验的集成体现、先进教学理念的传播等都是教材得天独厚的优势。教材建设既成就了教材，也推动着教育教学改革和发展。教材建设使命光荣，任重道远。让我们一起努力吧！

罗云波

2021 年 1 月

第4版前言

《食品微生物学实验技术》第1版、第2版和第3版分别于2002年、2011年和2016年出版，时光如梭，转眼距离第3版出版已过去5年。在“十三五”期间，我国食品工业保持良好的增长势头，2019年我国规模以上食品企业营业收入达到8.1万亿元，保持了国内第二大支柱产业的地位，有效地保证了人民群众的食品消费需求。食品工业的发展需要教育部门培养一大批高素质的创新型人才。2016年12月8日，习近平总书记在全国高校思想政治工作会议上强调:“要坚持把立德树人作为中心环节，把思想政治工作贯穿教育教学全过程，实现全程育人、全方位育人，努力开创我国高等教育事业发展新局面。”本书的修订工作正是根据这一指示精神，结合食品产业和食品微生物学实验技术教学工作的发展，在中国农业大学出版社的统一组织下进行的。编者在教材修订上结合课程需求和特点，注重立德树人，强化思政教育，努力使学生充分认识食品安全在保障人民生命安全中的重大意义。新版教材在充分考虑学科和专业地位、历史和文化等的基础上，努力实现专业教育和思政教育接轨，使学生进一步增强“四个意识”，坚定“四个自信”，坚决做到“两个维护”。编者希望各位授课教师在使用本教材时将立德树人的政治思想贯彻始终，同时，注重对学生科学精神、思辨能力和实践能力的培养。

新版教材由郝林、孔庆学和方祥任主编，梁志宏、许倩、段艳任副主编，前期由方祥具体负责，后期由郝林、孔庆学和方祥统编定稿。教材基本保持第3版的框架结构不变，增加了思政二维码内容。同时，本次修订配置了教学PPT。教材采用信息技术，将与实验内容联系密切的扩展资源和思政内容放在二维码中，展现在教学平台上，实现纸质与数字资源的融合。全书分为3章，共计34个实验。实验一至实验三由孔庆学编写；实验四、实验八、实验十一由郝林编写；实验五至实验七由梁志宏编写；实验九、实验二十八由莫美华编写；实验十、实验十三由许女编写；实验十二、实验二十二、实验三十四由方祥编写；实验十四、实验三十由褚盼盼编写；实验十五、实验十六由杨宁编写；实验十七至实验十九由朱丽霞编写；实验二十、实验二十一、实验二十三由段艳编写；实验二十四、实验二十五由许倩编写；实验二十六、实验二十七由任晓镤编写；实验二十九、实验三十二由王洁编写；实验三十一、实验三十三由魏宗烽编写。

本教材在修订过程中得到了中国农业大学出版社的大力支持，并得到了前一版编写人员林捷教授的指导及全体编写人员的密切配合，在此对他们表示由衷的感谢。

本教材适宜作为高等院校食品类专业本科微生物学实验教材，也可以作为相关专业研究生及科技人员的参考书。

由于编者水平和能力有限，教材中难免存在许多不足和错漏之处，敬请广大读者和同行及时指出，以便下一次修订完善。

2022 年 10 月 16 日，习近平总书记在中国共产党第二十次全国代表大会的报告中强调指出：教育是国之大计、党之大计。培养什么人、怎样培养人、为谁培养人是教育的根本问题。育人的根本在于立德。全面贯彻党的教育方针，落实立德树人根本任务，培养德智体美劳全面发展的社会主义建设者和接班人。坚持为党育人、为国育才。

本次重印，为贯彻落实党的二十大精神，在每章导言中结合教学内容作了引领性阐述，方便读者学习掌握，提高教学效果。

编　者

2023 年 5 月

于山西农业大学

第3版前言

在全体编委成员的共同努力下，本教材第1版和第2版深受广大同行和读者的欢迎，出版以来多次印刷，被许多院校作为实验教材选用。为更好地反映学科最新发展成果，满足新形势下教学要求，进一步推进食品微生物学实验教学改革，我们在原教材基础上进行了修订改版，努力使其成为一本特色更加明显、内容更加丰富、体例更加新颖、实用性更强的食品微生物学实验教材。

本版教材保留了原版本的基本体系，在内容和结构上做了部分调整，更加突出教材的实用性和针对性。另外，为了更好地推进传统出版与新型出版融合，发挥信息技术对教学的积极作用，本版教材采用了二维码技术将教学内容加以扩展，方便读者扫描参考学习。本版教材在内容上主要做了三大调整：(一)将原来在发酵微生物学实验部分的“细菌生长曲线的测定”及“厌氧菌的分离和培养”调整到基础微生物学实验部分；将原来在发酵微生物学实验部分的“食品中黄曲霉毒素的检测”调整到食品微生物学检验实验部分。(二)增加了实用性更强的2个重要实验，即“食品工业常用微生物菌种的分离筛选”和“诱变育种的程序及操作”。(三)删除了针对性不强的“从自然界中筛选分离微生物菌种”1个实验。

本教材的第1版和第2版由主编牛天贵老师带领编委完成，牛老师兢兢业业，为此贡献了卓越的智慧，付出了艰苦的努力。第3版改版之前牛天贵老师不幸去世。新版教材由郝林老师带领新老编委共同完成。郝林、孔庆学和方祥任主编，梁志宏、许倩、段艳任副主编，共有8所院校的14位老师参与编写。教材分为3篇，共计34个实验。实验一、二、三由孔庆学编写；实验四、八、十一由郝林编写；实验五、六、七由梁志宏编写；实验九、二十八由莫美华编写；实验十、十三由许女编写；实验十二、二十二、三十四由方祥编写；实验十四、三十由褚盼盼编写；实验十五、十六由杨宁编写；实验十七、十八、十九由朱丽霞编写；实验二十、二十一、二十三由段艳编写；实验二十四、二十五由许倩编写；实验二十六、二十七由任晓镤编写；实验二十九、三十二由林捷编写；实验三十一、三十三由魏宗烽编写。全书由郝林、孔庆学和方祥统编定稿。

本教材在修订过程中得到了中国农业大学出版社的大力支持，得到了前一版杨幼慧教授等编写组成员的指导，在此对他们表示由衷的感谢。同时还要感谢本版教材全体编写人员，大家的密切配合使得修订工作顺利完成。

本教材适宜作为高等院校食品专业本科微生物学实验教材，也可以作为相关专业研究生及科技人员的参考书。

由于编者水平和能力有限，教材中一定存在许多不足和错漏之处，敬请广大读者和同行及时指出，以便修订完善。

编　者

2015年11月

于山西农业大学

第2版前言

“马克思的整个世界观不是教义，而是方法。它提供的不是现成的教条，而是进一步研究的出发点和供这种研究使用的方法。”正确的、科学的、聪明的方法，是人类智慧的结晶、宝贵的精神财富。

当今微生物技术已成为微生物学科的一个重要分支学科，它不仅是微生物学进展的基石，而且生命科学的许多重大发现、发明和理论的证实，微生物技术都起着重要作用，不少非生命科学也广泛地采用它，它在工、农、食、医、药方面和人们日常生活中的应用更是越来越普遍。人们通常将微生物技术分为以酿造技术为代表的传统微生物技术、以发酵技术为代表的近代微生物技术和以基因重组为代表的现代微生物技术。而显微镜观察、无菌操作、纯种分离、纯菌培养、菌种鉴定和保存等一系列基本实验技术，对微生物的发现、研究、开发和利用，无论过去、现在和将来，都是不可缺少的。

为了适应21世纪科学技术更为迅猛发展的挑战，迎接微生物学迅速向分子生物学水平和微生物产业化发展的机遇和挑战，为社会培养微生物学领域的高素质科技人才，我们希望通过微生物学实验让学生验证理论，巩固和加深理解所学过的专业课知识，熟悉和掌握实验和操作技能，培养学生独立分析问题和解决问题的能力，进一步启发和提高学生的创新意识和创新能力。

总结分析以往开课内容及效果，去除某些重复的实验内容；适当删减某些已经淘汰、过时或不太重要的实验内容；将某些原来分别在普通微生物学、微生物技术学、微生物生理学、微生物遗传学、食品微生物学和发酵食品学中单独开设的小实验，集中、综合为系统、连贯、效果较好的实验系列；并注意适当添加现代分子微生物学的实验方法与技术，在此基础上我们编写了《食品微生物学实验技术》第2版。

本书第2版由牛天贵任主编，杨幼慧、孔庆学任副主编。全书共分3篇，第一篇实验一、二、三、四由孔庆学编写；实验五、六、七由梁志宏编写；第二篇实验十二由陈静编写；实验十四、十五、十六由张伟编写；第三篇实验二十二、二十六由侯洪萍编写；实验二十三、二十四、二十八、二十九、三十一、三十二、三十三由杨幼慧编写；实验二十五、二十七由钟士清编写；实验三十由李平兰编写；其余部分由牛天贵编写。牛天贵负责全书的统编和定稿。

由于食品微生物学检验标准的更新，本书主要修订了食品微生物学的实验部分，主要由牛天贵主编和杨幼慧副主编修订。

本书涉及的学科很多，内容很广，发展变化快，加之编者水平和能力有限，难免存在不足、错误和不妥之处，敬请同行专家和广大读者批评指正，以使本书在使用中不断完善和提高。

编　者

2010年11月1日

第1版前言

恩格斯曾指出:“马克思的整个世界观不是教义,而是方法。它提供的不是现成的教条,而是进一步研究的出发点和供这种研究使用的方法。”正确的、科学的、聪明的方法,是人类智慧的结晶,是宝贵的精神财富。

方法有各种各样,适用不同的领域,在不同的时空发挥不同的作用。生命科学是21世纪的带头学科,生物工程是21世纪的主流产业。微生物学是生命科学研究中最活跃的学科领域,微生物技术是生物工程技术的核心主体。

当今微生物技术已成为微生物学科的一分支学科,它不仅是微生物学进展的基石,而且生命科学的许多重大发现,发明和理论的证实,微生物技术都起着重要作用,不少非生命科学也广泛地采用它,它在工、农、医方面和人们日常生活中的应用更是越来越普遍。人们通常将微生物技术分为以酿造技术为代表的传统微生物技术、以发酵技术为代表的近代微生物技术和以基因重组为代表的现代微生物技术。而显微镜观察、无菌操作、纯种分离、纯种培养等一系列基本实验技术,对微生物的发现、研究、开发和利用,无论在过去、现在还是将来,都是不可缺少的。

为了适应21世纪科学技术更为迅猛发展的需要,迎接微生物学迅速向分子生物学水平和微生物产业化发展的机遇与挑战,为社会培养微生物学领域的高素质科技人才,我们希望通过微生物学实验让学生验证理论,巩固和加深理解所学过的专业课知识,熟悉和掌握实验和操作技能,培养学生独立分析问题和解决问题的能力,进一步启发和提高学生的创造意识和创新能力。

总结分析以往开课内容及效果,去除某些重复的实验内容;适当删减某些已经淘汰、过时或不太重要的实验内容;集中或改变某些原来分析在普通微生物学、微生物技术学、微生物生理学、微生物遗传学、食品微生物学和发酵食品学中单独开设的小实验,编写成系统、连贯、效果较好的实验系列;并注意适当添加现代分子微生物学的实验方法与技术,在此基础上我们编写了《食品微生物学实验技术》一书。本教材是高等教育面向21世纪教学内容和课程体系改革项目(04-10)的研究成果。

本书由牛天贵任主编,孔庆学、杨幼慧任副主编。全书共分3篇,第一篇的实验一、二、三、四由孔庆学编写;五、六、七由梁志宏编写;第二篇的实验十二由陈静编写;实验十四、十五、十六由张伟编写;第三篇的实验二十二、二十六由侯红萍编写;实验二十三、二十四、二十八、二十九由杨幼慧编写;实验二十五、二十七由钟士清编写;实验三十由李平兰编写;其余部分由牛天贵编写。牛天贵负责全书的统编定稿。

在本书的编写过程中,薛景珍教授和李淑高教授审阅了编写大纲和教材。

本书涉及的学科较多,内容范围广,加之编者水平和能力有限,难免有不足、错误和不妥之处,敬请同行专家和广大读者批评指正,以便使本书在使用中不断完善和提高。

编　者

2002年6月

目　　录

第一章　基础微生物学实验

第二章　食品微生物学检验实验

第三章　发酵微生物学实验

第一章
基础微生物学实验

深入贯彻落实人才强国战略，培养大批德才兼备的高素质人才，是国家和民族长远发展大计。教育支撑人才，人才支撑创新，创新服务于国家经济建设和综合国力提升。学习《食品微生物学实验技术》对于学好《食品微生物学》具有十分重要的作用，一方面学生们可以通过实际操作，获得感性认识，验证和加深理论知识，促进理论课程的学习；另一方面可以培养学生们探索和揭示科学问题的能力。进入 21 世纪，食品微生物学实验技术发展很快，从传统基础的形态学技术，发展到现代的分子生物学技术、组学技术、免疫学技术、生物传感器技术等。掌握基础微生物学实验技能，为今后的深入学习奠定扎实的基础。

实验一　普通显微镜的使用和细菌形态观察

(一)目的

(1)复习光学显微镜的结构、各部分的功能和使用方法。

(2)学习并掌握油镜的工作原理和使用方法。

(二)原理

微生物的最显著特点是个体微小,必须借助显微镜才能观察到它们的个体形态和细胞结构。

普通光学显微镜利用目镜和物镜两组透镜系统来放大成像。它由机械装置和光学系统两大部分组成(图 1-1)。显微镜的光学系统包括物镜、目镜、光源和聚光器 4 个部件,其中物镜的性能最为关键,它直接影响显微镜的分辨率。

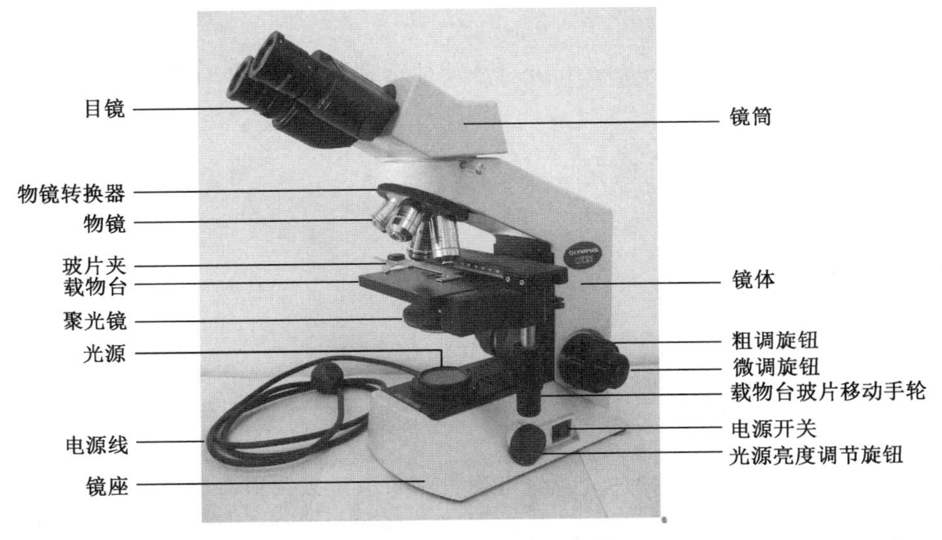

图 1-1　显微镜构造示意图

一般微生物学使用的显微镜有 3 个或 4 个物镜,即低倍镜(4～10 倍,1 个或 2 个)、高倍镜(40～45 倍)和油镜(90～100 倍)。油镜对微生物学研究非常重要,使用油镜时需在载玻片与镜头之间加滴香柏油,一方面是增加照明亮度。油镜的放大倍数大、焦距短、直径小,但所需要的光照强度却最大,从承载标本的玻片透过来的光线,因介质密度不同(从玻片进入空气,再进入物镜),有些光线会因折射或全反射不能进入镜头,致使在使用油镜时会因射入的光线较少,物像显现不清,为了减少通过光线的损失,在使用油镜时须在油镜与玻片之间加入与玻璃的折射率($n=1.55$)相仿的镜油(通常用香柏油,其折射率 $n=1.52$)。另一方面是增加显微镜的分辨率。显微镜的分辨率或分辨力是指显微镜能辨别两点之间的最小距离的能力。显微镜的优劣主要取决于分辨率 D(最小可分辨距离)的大小:

$$D=\lambda/(2\mathrm{NA})$$

式中：λ 为光波波长，nm；NA 为物镜的数值孔径值。

光学显微镜的光源不可能超出可见光的波长范围(0.4～0.7 μm)，而数值孔径值则取决于物镜的镜口角(光线投射到物镜上最大角度)和玻片与镜头间介质的折射率，可表示为：

$$NA = n \cdot \sin\alpha$$

式中：α 为镜口角的半数。它取决于物镜的直径和焦距。一般来说，在实际应用中最大只能达到120。n 为介质折射率。由于香柏油的折射率(1.52)比空气及水的折射率(分别为1.0和1.33)要高，因此以香柏油作为镜头与玻片之间介质的油镜所能达到的数值孔径值(NA一般为1.2～1.4)要高于低倍镜、高倍镜等物镜(NA都低于1.0)。若以可见光的平均波长0.55 μm来计算，数值孔径通常在0.65左右的高倍镜只能分辨出距离不小于0.4 μm的物体，而油镜的分辨率却可达到0.2 μm左右。大部分细菌的直径在0.5 μm以上，所以油镜更能看清细菌的个体形态。

(三)材料

1.菌种

金黄色葡萄球菌(*Staphylococcus aureus*)及枯草芽孢杆菌(*Bacillus subtilis*)染色玻片标本。

2.溶液或试剂

香柏油、二甲苯。

3.仪器及其他用品

显微镜、擦镜纸等。

(四)方法与步骤

1.观察前的准备

(1)显微镜的安置　置显微镜于平整的实验台上，镜座距实验台边缘约10 cm。镜检时姿势要端正。

(2)光源调节　安装在镜座内的光源灯可通过调节电压以获得适当的照明亮度，若使用反光镜采集自然光或灯光作为照明光源时，应根据光源的强度及所用物镜的放大倍数选用凹面或凸面反光镜并调节其角度，使视野内的光线均匀，亮度适宜。

(3)双筒显微镜的目镜调节　根据使用者的个人情况，双筒显微镜的目镜间距可以适当调节，而左目镜上一般还配有屈光度调节环，可以适应眼距不同或两眼视力有差异的不同观察者。

(4)聚光器数值孔径值的调节　正确使用聚光器才能提高镜检的效果。聚光器的主要参数是数值孔径，它有一定的可变范围，一般聚光器边框上的数字代表它的数值孔径，通过调节聚光器，可以得到各种不同的数值孔径，以适应不同物镜的需要。

2.显微观察

在目镜保持不变的情况下，使用不同放大倍数的物镜所能达到的分辨率及放大率都是不同的。一般情况下，特别是初学者，进行显微观察时应遵守从低倍镜到高倍镜再到油镜的观察程序，因为低倍数物镜视野相对大，易发现目标及确定检查的位置。

(1)低倍镜观察　将金黄色葡萄球菌染色标本玻片置于载物台上，用标本夹夹住，移动推进器使观察对象处在物镜的正下方。下降10倍物镜，使其接近标本，用粗调节器慢慢升起镜筒，使标本在视野中初步聚焦，再使用细调节器调节使物像清晰。通过玻片夹推进器慢慢移动玻片，认真观察标本各部位，找到合适的目的物，仔细观察并记录所观察到的结果。

(2)高倍镜观察　在低倍镜下找到合适的观察目标，并将其移至视野中心后，将高倍镜移至工作位置。对聚光器光圈及视野亮度进行适当调节后微调细调节器使物像清晰，利用推进器移动标本找到需要观察的部位，并移至视野中心仔细观察或准备用油镜观察。

(3)油镜观察　在高倍镜或低倍镜下找到要观察的样品区域后，用粗调节器将镜筒升高，然后将油镜转到工作位置。在待观察的样品区域加滴香柏油，从侧面注视，用粗调节器将镜筒小心地降下，使油镜镜头浸在油中，并几乎与标本接触时止(注意：切不可将油镜镜头压到标本，否则不仅压碎玻片，还会损坏镜头)。将聚光器升至最高位置并开足光圈(若所用聚光器的数值孔径值超过1.0，还应在聚光镜与载玻片之间也加滴香柏油，保证其达到最大的效能)，调节照明使视野的亮度合适，用粗调节器将镜筒徐徐上升，直至视野中出现物像并用细调节器使其清晰为止。然后用相同的方法观察其他样本。

3. 显微镜用后的处理

上升镜筒，取下载玻片。先用擦镜纸擦去镜头上的油，再用擦镜纸蘸取少许二甲苯擦去镜头上的残留油迹，然后用擦镜纸擦去残留的二甲苯，最后用绸布清洁显微镜的金属部件。将各部分还原，反光镜垂直于镜座，将物镜转成“八”字形，再向下旋。同时把聚光镜降下以免接物镜与聚光镜发生碰撞。套上镜套，放回原处。

(五)结果

分别绘出在低倍镜、高倍镜和油镜下观察到的金黄色葡萄球菌和枯草芽孢杆菌的形态，包括在3种情况下视野中的变化，同时注明物镜放大倍数和总放大率。

思考题

1. 用油镜观察时应注意哪些问题？在载玻片和镜头之间加滴什么油？起什么作用？

2. 试列表比较低倍镜、高倍镜及油镜各方面的差异。为什么在使用高倍镜及油镜时应特别注意避免粗调节器的误操作？

3. 影响显微镜分辨率的因素有哪些？

4. 根据实验体会，谈谈应如何根据所观察微生物的大小，选择不同的物镜进行有效的观察。

实验二　简单染色法和革兰氏染色法

一、细菌的简单染色法

(一)目的

(1)掌握细菌的简单染色法。

(2)初步认识细菌的形态特征,巩固学习油镜的使用方法和无菌操作技术。

(二)原理

细菌的涂片和染色是微生物学实验中的一项基本技术。细菌的细胞小而透明,在普通的光学显微镜下不易识别,必须对它们进行染色。利用单一染料对细菌进行染色,使经染色后的菌体与背景形成明显的色差,从而能更清楚地观察到其形态和结构。此法操作简便,适用于菌体一般形状和细菌排列的观察。

常用碱性染料进行简单染色,这是因为在中性、碱性或弱酸性溶液中,细菌细胞通常带负电荷,而碱性染料在电离时,其分子的染色部分带正电荷,因此碱性染料的染色部分很容易与细菌结合使细菌着色。经染色后的细菌细胞与背景形成鲜明的对比,在显微镜下更易于识别。常用作简单染色的染料有美蓝、结晶紫、碱性复红等。

当细菌分解糖类产酸使培养基 pH 下降时,细菌所带正电荷增加,此时可用伊红、酸性复红或刚果红等酸性染料染色。染色前必须固定细菌。其目的有二:一是杀死细菌并使菌体黏附于玻片上;二是增加其对染料的亲和力。常用的有加热和化学固定两种方法。固定时尽量维持细胞原有的形态。

(三)材料

1. 菌种

枯草芽孢杆菌(*Bacillus subtilis*) 12～18 h 营养琼脂斜面培养物,藤黄微球菌(*Micrococcus luteus*)约 24 h 营养琼脂斜面培养物,大肠埃希氏菌(*Escherichia coli*)24 h 营养琼脂斜面培养物。

2. 染色剂

吕氏碱性美蓝染液(或草酸铵结晶紫染液),石炭酸复红染液。

3. 仪器及其他用品

显微镜、酒精灯、载玻片、接种环、玻片搁架、双层瓶(内装香柏油和二甲苯)、擦镜纸、生理盐水或蒸馏水等。

(四)方法与步骤

1. 涂片

取 3 块洁净无油的载玻片,在无菌的条件下各滴一小滴生理盐水(或蒸馏水)于玻片中央,用接种环以无菌操作方式分别从枯草芽孢杆菌、藤黄微球菌和大肠埃希氏菌斜面上挑取少许菌苔于水滴中,混匀并涂成薄膜。若用菌悬液(或液体培养物)涂片,可用接种环挑取 2～3 环直接涂于载玻片上。注意滴生理盐水(蒸馏水)和取菌时不宜过多且涂抹要均匀,不宜过厚。

2. 干燥

室温自然干燥。也可以将涂片涂菌面朝上在酒精灯上方稍微加热，使其干燥。但切勿离火焰太近，因温度太高会破坏菌体形态。

3. 固定

将已自然干燥的涂片涂菌面朝上，慢慢地从酒精灯的火焰上通过 2～3 次。如用加热干燥，固定与干燥合为一步，方法同干燥。

涂片、干燥和热固定步骤见图 2-1。

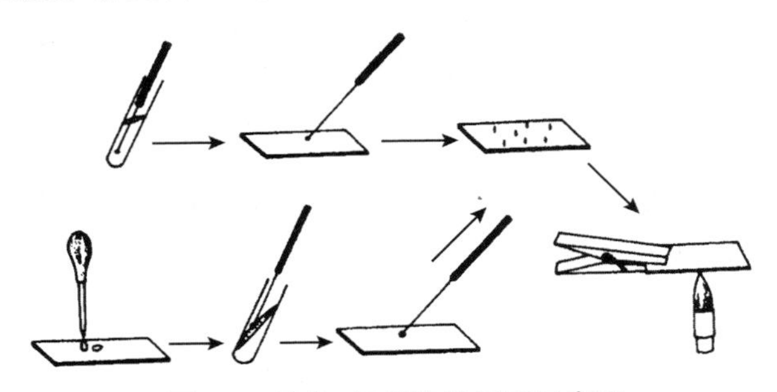

图 2-1　涂片、干燥和热固定示意图

4. 染色

将玻片平放于玻片搁架上，滴加染液 1 或 2 滴于涂片上(染液刚好覆盖涂片薄膜为宜)。吕氏碱性美蓝染色 1～2 min，石炭酸复红(或草酸铵结晶紫)染色约 1 min。

5. 水洗

倾去染液，用自来水从载玻片一端轻轻冲洗，直至从涂片上流下的水无色为止。水洗时，不要让水流直接冲洗涂面。水流不宜过急、过大，以免涂片薄膜脱落。

6. 干燥

甩去玻片上的水珠自然干燥、电吹风吹干或用吸水纸吸干均可(注意勿擦去菌体)。

7. 镜检

涂片干后镜检。涂片必须完全干燥后才能用油镜观察。

(五)结果

绘制简单染色后观察到的大肠埃希氏菌、枯草芽孢杆菌和藤黄微球菌的形态图。

二、革兰氏染色法

(一)目的

(1)了解革兰氏染色法的原理及其在细菌分类鉴定中的重要性。

(2)学习掌握革兰氏染色技术，巩固光学显微镜油镜的使用方法。

(二)原理

革兰氏染色法是 1884 年由丹麦病理学家 Christain Gram 创立的，革兰氏染色法可将所有的细菌区分为革兰氏阳性菌(G^+)和革兰氏阴性菌(G^-)两大类。革兰氏染色法是细菌学中最重要的鉴别染色法。

革兰氏染色法之所以能将细菌分为革兰氏阳性和革兰氏阴性，是由这两类细菌细胞壁的结构和组成不同决定的。实际上，当用结晶紫初染后，像简单染色法一样，所有细菌都被染成初染剂的蓝紫色。碘作为媒染剂，它能与结晶紫结合成结晶紫-碘的复合物，从而增强了染料与细菌的结合力。当用脱色剂处理时，两类细菌的脱色效果是不同的。革兰氏阳性细菌的细胞壁主要由肽聚糖形成的网状结构组成，壁厚，类脂质含量低，用乙醇（或丙酮）脱色时细胞壁脱水，使肽聚糖层的网状结构孔径缩小，透性降低，从而使结晶紫-碘的复合物不易被洗脱而保留在细胞内，经脱色和复染后仍保留初染剂的蓝紫色。革兰氏阴性菌则不同，由于其细胞壁肽聚糖层较薄，类脂含量高，所以当脱色处理时，类脂质被乙醇（或丙酮）溶解，细胞壁透性增大，使结晶紫-碘的复合物比较容易被洗脱出来，用复染剂复染后，细胞被染上复染剂的红色。

（三）材料

1. 菌种

大肠埃希氏菌（*Escherichia coli*）约 24 h 营养琼脂斜面菌种 1 支，枯草芽孢杆菌（*Bacillus subtilis*）约 16 h 牛肉膏蛋白胨琼脂斜面菌种 1 支。

2. 染色剂

结晶紫染色液、卢戈氏碘液、95%乙醇、番红染色液。

3. 仪器及其他用品

显微镜、擦镜纸、接种环、载玻片、酒精灯、蒸馏水、香柏油、二甲苯。

（四）方法与步骤

1. 涂片

（1）常规涂片法　取一洁净的载玻片，用特种笔在载玻片的左、右两侧标上菌号，并在两端各滴 1 小滴蒸馏水，以无菌接种环分别挑取少量菌体涂片，干燥、固定。玻片要洁净无油，否则菌液涂不开。

（2）“三区”涂片法　在玻片的左、右端各加一滴蒸馏水，用无菌接种环挑取少量枯草芽孢杆菌与左边水滴充分混合成仅有枯草芽孢杆菌的区域，并将少量菌液延伸至玻片的中央。再用无菌的接种环挑取少量大肠埃希氏菌与右边的水滴充分混合成仅有大肠埃希氏菌的区域，并将少量的大肠埃希氏菌液延伸到玻片中央，与枯草芽孢杆菌相混合在含有两种菌的混合区，干燥、固定。

应使用活跃生长期的幼龄培养物作革兰氏染色，涂片不宜过厚，以免脱色不完全造成假阳性。

2. 初染

滴加结晶紫（以刚好将菌膜覆盖为宜）于 2 个玻片的涂面上，染色 1～2 min，倾去染色液，细水冲洗至洗出液为无色，将载玻片上水甩净。

3. 媒染

用卢戈氏碘液媒染约 1 min，水洗。

4. 脱色

用滤纸吸去玻片上的残水，将玻片倾斜，在白色背景下，用滴管流加 95%的乙醇脱色，直至流出的乙醇无紫色时，立即水洗，终止脱色，将载玻片上水甩净。

革兰氏染色结果是否正确，乙醇脱色是革兰氏染色操作的关键环节。脱色时间一般为 20～30 s。脱色不足，革兰氏阴性菌被误染成革兰氏阳性菌，脱色过度，革兰氏阳性菌被误染成革兰氏阴性菌。

5.复染

在涂片上滴加番红液复染 2～3 min，水洗，然后用吸水纸吸干。在染色的过程中，不可使染液干涸。

6.镜检

干燥后，用油镜观察。判断两种菌体染色反应性。菌体被染成蓝紫色的是革兰氏阳性菌（G^+），被染成红色的为革兰氏阴性菌（G^-）。

7.实验结束后处理

清洁显微镜。先用擦镜纸擦去镜头上的油，然后再用擦镜纸蘸取少许二甲苯擦去镜头上的残留油迹，最后用擦镜纸擦去残留的二甲苯。染色玻片用洗衣粉水煮沸、清洗，晾干后备用。

（五）结果

（1）根据观察结果，绘出两种细菌的形态图。

（2）列表简述两株细菌的染色结果（说明各菌的形状、颜色和革兰氏染色反应）。

思考题

1.哪些环节会影响革兰氏染色结果的正确性？其中最关键的环节是什么？

2.进行革兰氏染色时，为什么特别强调菌龄不能太老，用老龄细菌染色会出现什么问题？

3.革兰氏染色时，初染前能加碘液吗？乙醇脱色后复染之前，革兰氏阳性菌和革兰氏阴性菌应分别是什么颜色？

4.不经过复染这一步，能否区别革兰氏阳性菌和革兰氏阴性菌？

5.你认为制备细菌染色标本时，应该注意哪些环节？

6.为什么要求制片完全干燥后才能用油镜观察？

7.如果涂片未经热固定，将会出现什么问题？加热温度过高、时间太长，又会怎样呢？

实验三　培养基的配制与灭菌

(一)目的

(1)了解并掌握培养基的配制、分装方法。

(2)掌握各种实验室灭菌方法及技术。

(二)原理

培养基是供微生物生长、繁殖、代谢的混合养料。由于微生物具有不同的营养类型,对营养物质的要求也各不相同,加之实验和研究的目的不同,所以培养基的种类很多,使用的原料也各有差异。但从营养角度分析,培养基中一般含有微生物所必需的碳源、氮源、无机盐、生长素以及水分等。另外,培养基还应具有适宜的 pH、一定的缓冲能力、一定的氧化还原电位及合适的渗透压。

琼脂是从石花菜等海藻中提取的胶体物质,是应用最广的凝固剂。加琼脂制成的培养基在 98～100℃下熔化,于 45℃以下凝固。但多次反复熔化,其凝固性降低。

任何一种培养基一经制成就应及时彻底灭菌,以备培养菌使用。一般培养基的灭菌采用高压蒸汽灭菌。

(三)材料

1. 仪器及其他用品

天平、称量纸、牛角匙、精密 pH 试纸、量筒、刻度搪瓷杯、试管、三角瓶、漏斗、分装架、移液管及移液管筒、培养皿及培养皿盒、玻璃棒、烧杯、试管架、铁丝筐、剪刀、酒精灯、棉花、棉绳、牛皮纸或报纸、纱布、乳胶管、电炉、灭菌锅、干燥箱、止水夹。

2. 药品试剂

蛋白胨、牛肉膏、NaCl、K_2HPO_4、琼脂、$NaNO_3$、KCl、$MgSO_4$、$FeSO_4$、蔗糖、麦芽糖、木糖、葡萄糖、半乳糖、乳糖、土豆汁、豆芽汁、磷酸铵、5% NaOH 溶液、5% HCl 溶液。

(四)方法与步骤

1. 培养基的制备

(1)称量药品　根据培养基配方依次准确称取各种药品,放入适当大小的烧杯中,琼脂不要加入。蛋白胨极易吸潮,故称量时要迅速。

(2)溶解　用量筒取一定量(约占总量的 1/2)蒸馏水倒入烧杯中,在放有石棉网的电炉上小火加热,并用玻棒搅拌,以防液体溢出。待各种药品完全溶解后,停止加热,补足水分。如果配方中有淀粉,则先将淀粉用少量冷水调成糊状,并在火上加热搅拌,然后加足水分及其他原料,待完全熔化后,补足水分。

(3)调节 pH　根据培养基对 pH 的要求,用 5%NaOH 或 5%HCl 溶液调至所需 pH。测定 pH 可用 pH 试纸或酸度计等。

(4)熔化琼脂　固体或半固体培养基需加入一定量琼脂。琼脂加入后,置电炉上一面搅拌一面加热,直至琼脂完全熔化后才能停止搅拌,并补足水分(水需预热)。注意控制火力不要使培养基溢出或烧焦。

(5)过滤分装　先将过滤装置安装好(图 3-1)。如果是液体培养基,玻璃漏斗中放一层滤纸，如果是固体或半固体培养基，则需在漏斗中放多层纱布(或两层纱布夹一层薄薄的脱脂棉)趁热进行过滤。过滤后立即进行分装。分装时注意不要使培养基沾染在管口或瓶口，以免浸湿棉塞，引起污染。液体分装高度以试管高度的 1/4 左右为宜，固体分装量为管高的 1/5，半固体分装量一般以试管高度的 1/3 为宜；分装三角瓶时，其装量以不超过三角瓶容积的 50%为宜。

(6)包扎标记　培养基分装后加好棉塞或试管帽，再包上一层防潮纸，用棉绳系好。在包装纸上标明培养基名称，制备组别和姓名、日期等。

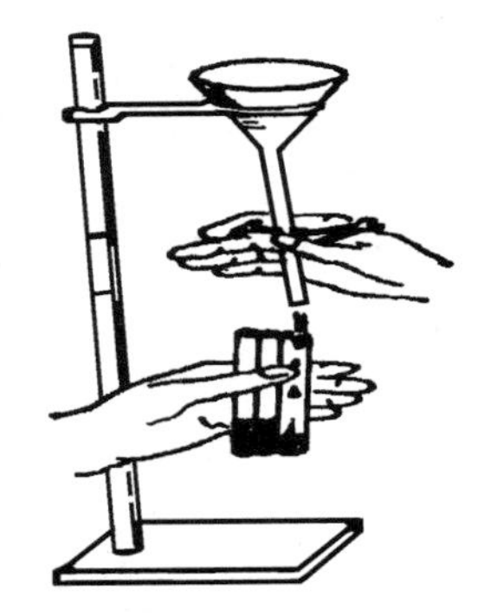

图 3-1　培养基的分装装置图

(7)灭菌　上述培养基应按培养基配方中规定的条件及时进行灭菌。普通培养基为 121℃ 20 min，以保证灭菌效果和不损伤培养基的有效成分。培养基经灭菌后，如需要做斜面固体培养基，则灭菌后立即摆放成斜面(图 3-2)，斜面长度一般以不超过试管长度的 1/2 为宜；半固体培养基灭菌后，垂直冷凝成半固体深层琼脂。

(8)倒平板　将需倒平板的培养基于水浴锅中冷却到 45～50℃，立刻倒平板(图 3-3)。

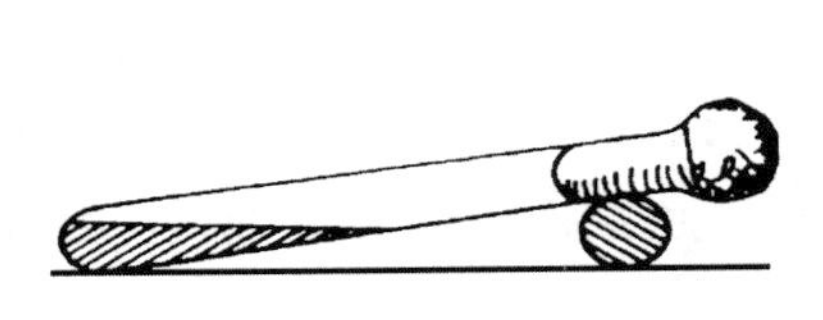

图 3-2　试管斜面摆放示意图

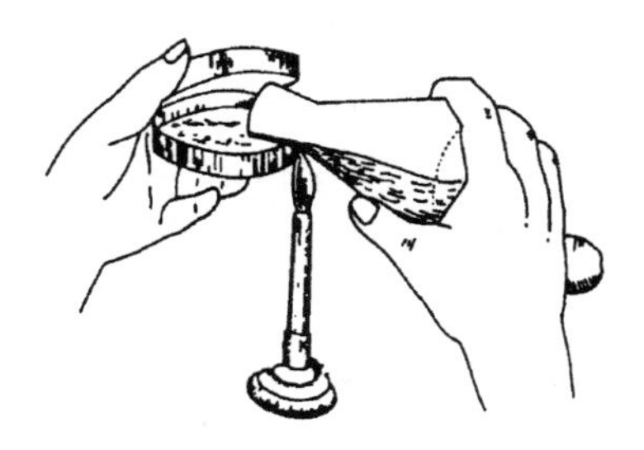

图 3-3　倒平板

2. 灭菌方法

灭菌是指杀死或消灭一定环境中的所有微生物，灭菌的方法分物理灭菌法和化学灭菌法两大类。本实验主要介绍物理方法的一种，即加热灭菌。

加热灭菌包括湿热和干热灭菌两种。通过加热使菌体内蛋白质凝固变性，从而达到杀菌目的。蛋白质的凝固变性与其自身含水量有关，含水量越高，其凝固所需要的温度越低。在同一温度下，湿热的杀菌效力比干热大，因为在湿热情况下，菌体吸收水分，使蛋白质易于凝固；同时湿热的穿透力强，可增加灭菌效力。

(1)湿热灭菌法

①煮沸消毒法。注射器和解剖器械等均可采用此法。先将注射器等用纱布包好，然后放进煮沸消毒器内加水煮沸。

对于细菌的营养体需煮沸 15～30 min，对于芽孢则需煮沸 1～2 h。

②高压蒸汽灭菌法。高压蒸汽灭菌用途广，效率高，是微生物学实验中最常用的灭菌方法。这种灭菌方法是基于水的沸点随着蒸汽压力的升高而升高的原理设计的。当蒸汽压力达到 0.100 MPa(1.05 kg/cm^2)时，水蒸气的温度升高到 121℃，经 15～30 min，可全部杀死锅内物品上的各种微生物和它们的孢子或芽孢。一般培养基、玻璃器皿以及传染性标本和工作服等都可应用此法灭菌(图 3-4)。

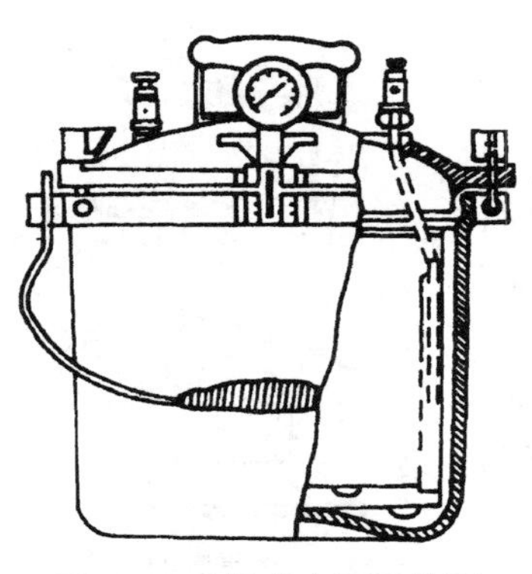
图 3-4 手提式高压灭菌锅

③操作方法和注意事项。

加水：打开灭菌锅盖，向锅内加水到水位线。立式消毒锅最好用已煮开过的水，以便减少水垢在锅内的积存。注意水要加够，防止灭菌过程中干锅。

装料、加盖：灭菌材料放好后，关闭灭菌器盖，采用对角式均匀拧紧锅盖上的螺旋，使蒸汽锅密闭，不漏气。

排气：打开排气口（也叫放气阀）。用电炉加热，待水煮沸后，水蒸气和空气一起从排气孔排出，当有大量蒸汽排出时，维持 5 min，使锅内冷空气完全排净。

升压、保压和降压：当锅内冷空气排净时，即可关闭排气阀，压力开始上升。当压力上升至所需压力时，控制电压以维持恒温，并开始计算灭菌时间，待时间达到要求（一般培养基和器皿灭菌控制在 121℃ 20 min）后，停止加热，待压力降至接近“0”时，打开放气阀。注意不能过早过急地排气，否则会由于瓶内压力下降的速度比锅内慢而造成瓶内液体冲出容器之外。

灭菌后的培养基空白培养：灭菌后的培养基放于 37℃ 培养箱中培养，经 24 h 培养无菌生长，可保存备用；斜面培养基取出后，立即摆成斜面后空白培养；半固体的培养基垂直放置凝成半固体深层琼脂后，空白培养。

(2)干热灭菌法　通过使用干热空气杀灭微生物的方法叫干热灭菌法。一般是把待灭菌的物品包装就绪后，放入干燥箱中烘烤，即加热至 160～170℃ 维持 1～2 h。干热灭菌法常用于空玻璃器皿、金属器具的灭菌。凡带有胶皮的物品、液体及固体培养基等都不能用此法灭菌。

①灭菌前的准备。玻璃器皿等在灭菌前必须经正确包裹和加塞，以保证玻璃器皿于灭菌后不被外界杂菌所污染。常用玻璃器皿的包扎和加塞方法如下：平皿用纸包扎或装在金属平皿筒内；三角瓶在棉塞与瓶口外再包以厚纸，用棉绳以活结扎紧，以防灭菌后瓶口被外部杂菌所污染；吸管以拉直的曲别针一端放在棉花的中心，轻轻捅入管口，松紧必须适中，管口外露的棉花纤维统一通过火焰烧去，灭菌时将吸管装入金属管筒内进行灭菌，也可用纸条斜着从吸管尖端包起，逐步向上卷，头端的纸卷捏扁并拧几下，再将包好的吸管集中灭菌。

②干燥箱灭菌。将包扎好的物品放入干燥箱内，注意不要摆放太密，以免妨碍空气流通；不得使器皿与干燥箱的内层底板直接接触。将干燥箱的温度升至 160～170℃，并恒温 1～2 h，注意勿使温度过高，超过 170℃，器皿外包裹的纸张、棉花会被烤焦燃烧。如果是为了烤干玻璃器皿，温度为 120℃ 持续 30 min 即可。温度降至 60～70℃ 时方可打开箱门，取出物品，否则玻璃器皿会因骤冷而爆裂。

用此法灭菌时，绝不能用油、蜡纸包扎物品。

③火焰灭菌。直接用火焰灼烧灭菌，迅速彻底。对于接种环、接种针或其他金属用具，可直接在酒精灯火焰上烧至红热进行灭菌。此外，在接种过程中，试管或三角瓶口也采用通过火焰的方法达到灭菌的目的。

(五)结果

(1)记录各种不同物品所用的灭菌方法及灭菌条件（温度、压力等）。

(2)试述高压蒸汽灭菌的过程及注意事项。

思考题

1. 制备培养基的一般程序是什么？
2. 做过本次实验后，你认为在制备培养基时要注意什么问题？
3. 灭菌在微生物学实验操作中有何重要意义？
4. 试述高压蒸汽灭菌的操作方法和原理。
5. 高压蒸汽灭菌时应注意哪些事项？

实验四　微生物的分离、纯化、接种与培养

一、微生物的分离与纯化

(一)目的

(1)了解微生物分离与纯化的原理。

(2)掌握常用的分离与纯化微生物的方法。

(二)原理

微生物的分离与纯化是微生物学中的重要技术之一。从混杂微生物群体中获得只含有某一种或某一株微生物的过程称为微生物的分离与纯化。在生产和科研中,人们常常需要从自然界混杂的微生物群体中分离出具有特殊功能的纯种微生物,或重新分离被其他微生物污染或因自发突变而丧失原有优良性状的菌种,或通过诱变及遗传改造后选出具有优良性状的突变株及重组菌株。平板分离法普遍用于微生物的分离与纯化。其基本原理是选择适合于待分离微生物的生长条件,如营养成分、酸碱度、温度和氧等要求,或加入某种抑制剂造成只利于该微生物生长,而抑制其他微生物生长的环境,从而淘汰那些不需要的微生物。

微生物在固体培养基上生长形成的单个菌落,通常是由一个细胞繁殖而成的集合体。因此可通过挑取单菌落而获得一种纯培养。获取单个菌落可以用稀释平板分离法、涂布法、划线分离法、单细胞分离法等。值得指出的是,从微生物群体中经分离生长在平板上的单个菌落并不一定保证是纯培养的。因此,纯培养的确定除观察其菌落特征外,还要结合显微镜检测个体形态特征后才能确定,有些微生物的纯培养要经过一系列分离与纯化过程和多种特征鉴定才能得到。

土壤是微生物生活的大本营,它所含微生物无论是数量还是种类都是极其丰富的。因此土壤是微生物多样性的重要场所,是发掘微生物资源的重要基地,可以从中分离、纯化得到许多有价值的菌株。本实验将采用不同的培养基从土壤中分离不同类型的微生物。

(三)材料

1. 样品

土样。

2. 培养基

淀粉琼脂培养基(高氏1号培养基),牛肉膏蛋白胨琼脂培养基,马丁氏琼脂培养基,察氏琼脂培养基。

3. 溶液与试剂

10%酚液、链霉素。

4. 仪器及其他用品

无菌玻璃涂棒,无菌吸管,接种环,无菌培养皿,装有9 mL无菌水的试管,装有90 mL无菌水并带有玻璃珠的三角烧瓶,显微镜等。

（四）方法与步骤

1. 稀释涂布平板法

（1）倒平板

①将牛肉膏蛋白胨琼脂培养基、高氏1号琼脂培养基、马丁氏琼脂培养基分别加热熔化，待冷至55～60℃时，高氏1号琼脂培养基中加入10%酚液数滴，马丁氏琼脂培养基中加入链霉素溶液（终浓度为30 μg/mL），混合均匀后分别倒平板，每种培养基倒3皿。

②倒平板的方法：右手持盛培养基的试管或三角瓶置火焰旁边，用左手将试管塞或瓶塞轻轻地拔出，试管或瓶口保持对着火焰；然后左手拿培养皿并将皿盖在火焰附近打开一条缝，迅速倒入培养基约15 mL，加盖后轻轻摇动培养皿，使培养基均匀分布在培养皿底部，然后平置于桌面上，待凝后即为平板。

（2）制备土壤稀释液　如图4-1所示，称取土样10 g，放入装有90 mL无菌水并带有玻璃珠的三角烧瓶中，振摇约20 min，使土样与水充分混合，将细胞分散。用1支1 mL无菌吸管从中吸取1 mL土壤悬液加入盛有9 mL无菌水的大试管中充分混匀，然后用无菌吸管从此试管中吸取1 mL加入另一盛有9 mL无菌水的试管中，混合均匀，依此类推制成10^{-1}，10^{-2}，10^{-3}，10^{-4}，10^{-5}，10^{-6}不同稀释度的土壤溶液（注意：每一个稀释度换1支吸管）。

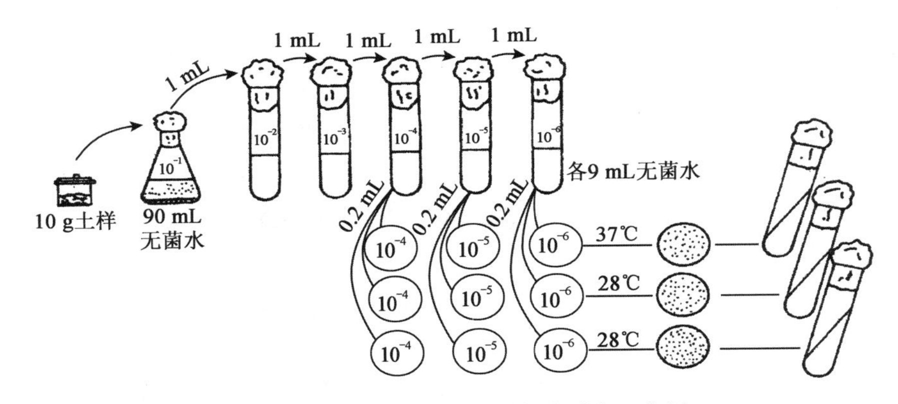

图4-1　从土壤中分离微生物的操作过程示意图

（3）涂布　将上述每种培养基的3个平板底面分别用记号笔写上10^{-4}，10^{-5}和10^{-6} 3种稀释度，然后用无菌吸管分别由10^{-4}，10^{-5}和10^{-6} 3管土壤稀释液中各吸取0.1或0.2 mL，小心地滴在对应平板培养基表面中央位置。

如图4-2所示，右手拿无菌玻璃涂棒平放在平板培养基表面上，将菌悬液沿同心圆方向轻轻地向外扩展，使之分布均匀。室温下静置5～10 min，使菌液浸入培养基。

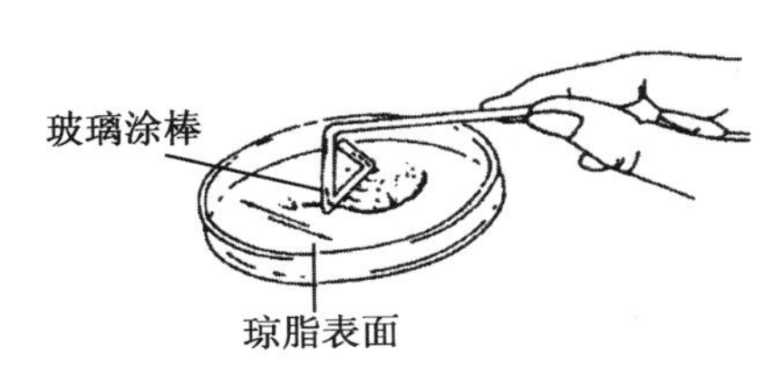

图4-2　平板涂布操作示意图

（4）培养　将高氏1号培养基平板和马丁氏培养基平板倒置于28℃温箱中培养3～5 d，牛肉膏蛋白胨平板倒置于37℃温箱中培养2～3 d。

（5）挑取菌落　将培养后长出的单个菌落分别挑取少许细胞接种到上述3种培养基斜面

上(图 4-1),分别置于 28℃和 37℃温箱培养。若发现有杂菌,需再一次进行分离、纯化,直到获得纯培养。

2. 平板划线分离法

(1)倒平板　按稀释涂布平板法倒平板,并用记号笔标明培养基名称、土样编号和实验日期。

(2)划线　在近火焰处,左手拿皿底,右手拿接种环,挑取上述 10^{-1} 的土壤悬液 1 环在平板上划线(图 4-3)。划线的方法很多,但无论采用哪种方法,其目的都是通过划线将样品在平板上进行稀释,使之形成单个菌落。常用的方法是用接种环以无菌操作挑取土壤悬液 1 环,先在平板培养基的一边作第一次平行划线 3 或 4 条,再转动培养皿约 70°角,并将接种环上剩余物烧掉,待冷却后通过第一次划线部分作第二次平行划线,再用同样的方法通过第二次划线部分作第三次划线和通过第三次平行划线部分作第四次平行划线(图 4-4A),也可用连续划线法(图 4-4B)。划线完毕后,盖上培养皿盖,倒置于温箱培养。

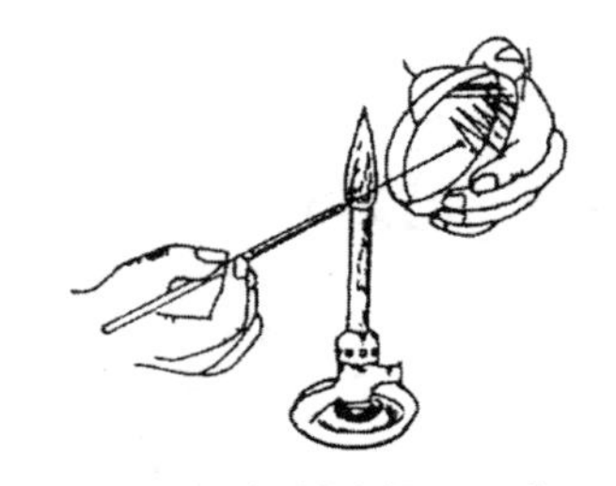

图 4-3　平板划线操作示意图

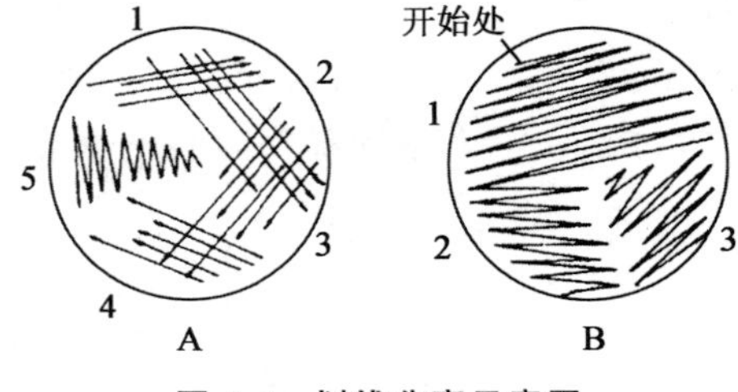

图 4-4　划线分离示意图

(3)挑菌落　同稀释涂布平板法,一直到认为分离的微生物纯化为止。

(五)结果

(1)所做涂布平板法和划线法是否较好地得到了单菌落?如果不是,请分析其原因并重做。

(2)在 3 种不同的平板上分离得到哪些类群的微生物?简述它们的菌落特征。

思考题

1. 如何确定平板上某单个菌落是否为纯培养?请写出实验的主要步骤。

2. 为什么高氏 1 号培养基和马丁氏培养基中要分别加入酚和链霉素?如果用牛肉膏蛋白胨培养基分离一种对青霉素具有抗性的细菌,你认为应如何做?

3. 试设计一个实验,从土壤中分离酵母菌并进行计数。

二、微生物的接种技术

(一)目的

(1)学习掌握微生物的几种接种技术。

(2)建立无菌操作的概念,掌握无菌操作的基本环节。

(二)原理

微生物的接种与培养都是微生物学研究和发酵生产中的基本操作技术,是将一种微生物移接到灭过菌的新培养基中，使其生长繁殖的过程。接种方法有斜面接种、液体接种、平板接种、穿刺接种等。在接种过程中，为了确保纯种不被杂菌污染，必须采用严格的无菌操作。无菌操作是培养基经灭菌后，用经过灭菌的接种工具，在无菌的条件下接种含菌材料于培养基上的过程。将微生物的培养物或含有微生物的样品移植到培养基上的操作技术称之为接种。接种是微生物实验及科学研究中的一项最基本的操作技术。无论微生物的分离、培养、纯化或鉴定以及有关微生物的形态观察及生理研究都必须进行接种。接种的关键是要严格地进行无菌操作，如操作不慎引起污染，则实验结果就不可靠，影响下一步工作的进行。

(三)材料

1. 菌种及培养基

大肠埃希氏菌(*Escherichia coli*)、金黄色葡萄球菌(*Staphylococcus aureus*)。

牛肉膏蛋白胨琼脂斜面和平板、普通琼脂高层(直立柱)。

2. 仪器及其他用品

酒精灯、记号笔、火柴、试管架、接种环、接种针、接种钩、滴管、移液管等接种工具。

二维码 4-1
常用的接种
和分离工具

(四)方法与步骤

1. 斜面接种法

斜面接种法主要用于接种纯菌，使其增殖后用以鉴定或保存菌种。

通常先从平板培养基上挑取分离的单个菌落，或挑取斜面、肉汤中的纯培养物接种到斜面培养基上。操作应在无菌室、接种柜或超净工作台上进行，先点燃酒精灯。

将菌种斜面培养基(简称菌种管)与待接种的新鲜斜面培养基(简称接种管)持在左手拇指、食指、中指及无名指之间，菌种管在前，接种管在后，斜面向上管口对齐，应斜持试管呈0°～45°角，并能清楚地看到两个试管的斜面，注意不要持成水平，以免管底凝集水浸湿培养基表面(图4-5)。用右手在火焰旁转动两管棉塞，使其松动，以便接种时易于取出。

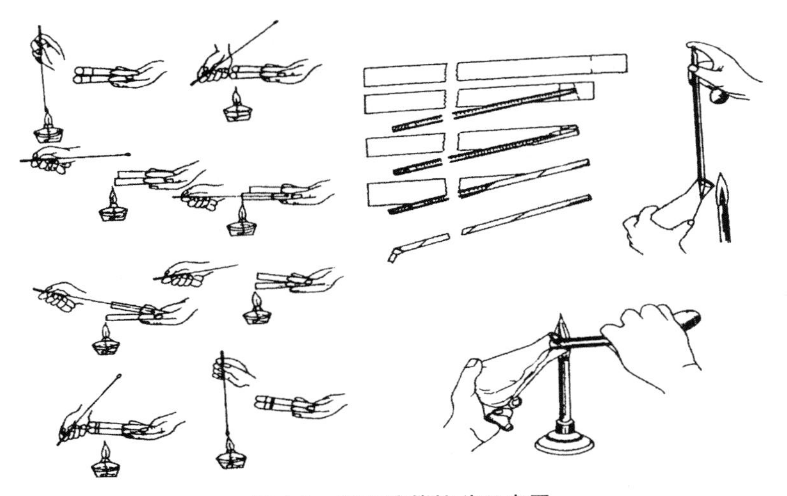

图4-5 斜面试管接种示意图

右手持接种环柄，将接种环垂直放在火焰上灼烧。镍铬丝部分(环和丝)必须烧红，以达到灭菌目的，然后将除手柄部分的金属杆全用火焰灼烧一遍，尤其是接镍铬丝的螺口部分，要彻底灼烧以免灭菌不彻底。用右手的小指和手掌之间及无名指和小指之间拔出试管棉塞，将试管口在火焰上通过，以杀灭可能沾污的微生物。棉塞应始终夹在手中，如掉落应更换无菌棉塞。

将灼烧灭菌的接种环伸入菌种管内，先接触无菌苔生长的培养基，待冷却后再从斜面上刮起少许菌苔取出，接种环不能通过火焰，应在火焰旁迅速伸入接种管。在试管中由下往上做"Z"形划线。接种完毕，接种环应通过火焰抽出管口，并迅速塞上棉塞。再重新仔细灼烧接种环后，放回原处。将接种管贴好标签或用记号笔做好标记后再放入试管架，即可进行培养。

2. *液体接种法*

多用于增菌液进行增菌培养，也可用纯培养菌接种至液体培养基进行生化试验，其操作方法和注意事项与斜面接种法基本相同，仅将不同点介绍如下。

由斜面培养物接种至液体培养基时，用接种环从斜面上挑取少许菌苔，接至液体培养基时应在管内靠近液面试管壁上将菌苔轻轻研磨并轻轻振荡，或将接种环在液体内振摇几次即可。接种霉菌菌种时，若用接种环不易挑起培养物，可用接种钩或接种铲进行。

由液体培养物接种至液体培养基时，可用接种环或接种针蘸取少许液体移至新液体培养基即可。也可根据需要用吸管、滴管或注射器吸取培养液移至新液体培养基即可。

接种液体培养物时应特别注意勿使菌液溅在工作台上或其他器皿上，以免造成污染。如有溅污，可用酒精棉球灼烧灭菌后，再用消毒液擦净。凡吸过菌液的吸管或滴管，应立即放入盛有消毒液的容器内。

3. *固体接种法*

普通斜面和平板接种均属于固体接种，斜面接种法已讲过，不再赘述。固体接种的另一种形式是接种固体曲料，进行固体发酵。按所用菌种或种子菌来源不同可分为：

①用菌液接种固体料，包括用刮洗菌苔制成的菌悬液和直接培养的种子发酵液。接种时按无菌操作将菌液直接倒入固体料中，搅拌均匀。但要注意接种所用水容量要计算在固体料总加水量之内，否则会使接种后含水量加大，影响培养效果。

②用固体种子接种固体料。包括用孢子粉、菌丝孢子混合种子菌或其他固体培养的种子菌。将种子菌于无菌条件下直接倒入无菌的固体料中即可，但必须充分搅拌使之混合均匀。一般是先把种子菌和少部分固体料混匀后再拌大堆料。

4. *穿刺接种法*

此法多用于半固体、醋酸铅、三糖铁琼脂与明胶培养基的接种，操作方法与注意事项与斜面接种法基本相同。但必须使用笔直的接种针，而不能使用接种环。接种柱状高层或半高层斜面培养管时，应向培养基中心穿刺，一直插到接近管底，再沿原路抽出接种针。注意勿使接种针在培养基内左右移动，以使穿刺线整齐，便于观察生长结果。

（五）结果

分别记录并描绘斜面和半固体培养基接种的微生物生长情况和培养特征。

思考题

1. 试述如何在接种中贯彻无菌操作的原则。
2. 以斜面上的菌种接种到新的斜面培养基为例说明操作方法和注意事项。

三、好氧性微生物的培养

本实验是针对好氧性微生物培养进行的，关于厌氧性微生物的培养见实验十二。

(一)目的

学习并掌握好氧性微生物培养的原理和方法。

(二)原理

大多数细菌、放线菌、霉菌都属于好氧性微生物，好氧性微生物需要从空气中获得氧气进行有氧呼吸，才能正常生长繁殖。因此，在对其进行培养时需要不断供给足够的氧气。

(三)方法与步骤

1. 固体培养法

将微生物接种在固体培养基上生长繁殖的方法称固体培养法。用于微生物形态观察或保藏的琼脂斜面培养和用于平板分离或活菌数计数的平板培养，都属于固体培养法。此外还有以下几种方法。

(1)载玻片培养法

①取直径 7 cm 的滤纸 1 张，铺于培养皿底部，在滤纸上放 1 根“U”形玻璃棒，其上平放 1 个洁净的载玻片和 2 片盖玻片，盖好皿盖，干热灭菌后备用。

②将固体培养基熔化，倒入另一无菌培养皿中制成约 2 mm 厚的平板，凝固后用无菌刀切成 1 cm^2 的方块，置载玻片上左右各 1 块。

③用接种针将霉菌孢子接种在琼脂块四周，然后盖上盖玻片并将琼脂块压紧，为防止在培养过程中琼脂块干燥，需向滤纸上加入 2～3 mL 无菌水。保湿培养，可在不同时间取出，直接用低倍镜观察。

(2)插片培养法

①熔化固体培养基，待冷却至 50℃时倒制平板，凝固后用接种环挑取培养物在平板上划线接种。

②用无菌镊子取无菌盖玻片以 45°斜插入紧靠接种物处，便于菌体沿盖玻片生长，放入培养箱中培养。

③培养结束后，取出盖玻片，将背面用擦镜纸擦净，放在载玻片上直接用低倍镜观察基内菌丝及气生菌丝，也可在载玻片上滴 1 滴 0.1%的美蓝水溶液，再将插片放上，使菌丝着色后可看得更清楚，用高倍镜观察孢子结构。

(3)透析膜培养法

方法一：取 1～1.5 cm^2 的透析膜 6～8 块，浸泡于培养液内，取出后放入平皿中，常压灭菌后备用。接种时用无菌镊子取出，平铺在无菌培养皿内，每块透析膜上接一种微生物，盖上皿盖放入培养箱中培养。

方法二：将几小片透析膜浸入短试管中，高压蒸汽灭菌后用无菌镊子取出平铺于琼脂平板上，点接微生物，培养。

透析膜培养过程中，可更换培养基，也可在培养过程中加入某些试验物质，还可以随时将透析膜上的菌体取出做观察。

(4)培养瓶培养　为了能更好地适应好氧菌的繁殖，以取得大量的菌体或孢子，使用固体培养基时，可采用各种长方形或扁平的培养瓶。酿造厂做种曲时，为了装料、灭菌、接种、清洗等方便，常采用三角瓶进行培养。

(5)盘曲、帘子曲培养　这是我国传统酿造业早期使用的方法，现在一些小厂仍然使用。制造盘曲的盘子可用竹子或木板制成，做帘子曲用的帘子，一般用竹子、柳条、芦苇等材料编结而成，以便卷在一起蒸汽灭菌。曲架用毛竹或木材制成，为多层结构。

(6)厚层通风培养　采用专门设计的制曲池，并利用鼓风机强制通风，通风目的一是供给微生物生长所需氧气；二是带走微生物发酵产生的 CO_2 和热量，降低品温。由于曲层厚度比帘子曲增加 20 倍左右，所以生产效率得到很大提高。

2. 液体培养法

将微生物接种到液体培养基中进行培养的方法叫液体培养法。该方法可分为静止培养法和通气深层培养法两类。

(1)静止培养法　指接种后的培养液静止不动。常用的有试管法和三角瓶浅层培养法。

(2)通气深层培养法

①振荡(摇瓶)培养法。该方法是对微生物进行通气深层培养的有效方法。对细菌、酵母菌等单细胞微生物进行振荡培养，可获得均一的细胞悬液。而对霉菌等丝状真菌进行振荡培养时，可得到纤维糊状培养物，如滤纸在水中呈泡散状，称为纸浆生长。如振荡不充分，培养物黏度又高时，则会形成许多小球状菌团，称为颗粒状生长。

振荡培养的设备是摇瓶机，有旋转式和往复式两种。摇瓶机上放置培养瓶，瓶内装液体培养基，瓶口包扎 6～8 层纱布，装量不宜过多，以防止摇动时液体溅到瓶口纱布上，引起污染。该方法广泛用于菌种的筛选以及进行生理、生化和发酵等试验中。

②发酵罐培养法。在实验室中进行较大量液体通气培养，可采用小型发酵罐，容量一般在 10～100 L。该设备带有多种自动控制和记录装置，能够供给所培养微生物的营养物质和氧气，使微生物均匀生长繁殖，产生大量微生物细胞或代谢产物，并可在实验过程中得到有关数据。生产中使用的发酵罐容量为 1～500 m^3 及以上。

思考题

好氧性微生物的培养方法有哪些？

实验五 放线菌、酵母菌、霉菌形态观察

一、放线菌的显微形态观察

(一)目的

(1)显微观察放线菌的基内菌丝、气生菌丝和孢子丝。

(2)掌握观察放线菌显微形态的几种培养方法。

(二)原理

放线菌一般由分枝状菌丝组成，它的菌丝可分为基内菌丝(营养菌丝)、气生菌丝和孢子丝3种。放线菌生长到一定阶段，大部分气生菌丝分化成孢子丝，然后进一步产生成串的分生孢子。孢子丝形态多样，有直、波曲、钩状、螺旋状、轮生等。孢子也有球形、椭圆形、杆状和瓜子状等。它们的形态构造都是放线菌分类鉴定的重要依据。放线菌的菌落早期与细菌菌落相似，后期形成孢子菌落呈干燥粉状，有各种颜色，呈同心圆放射状。

(三)材料

1. 菌种

灰色链霉菌(*Streptomyces griseus*)、天蓝色链霉菌(*Streptomyces coelicolor*)、细黄链霉菌(*Streptomyces microflavus*)。

2. 培养基

高氏1号培养基。

3. 仪器及其他用品

培养皿、载玻片、盖玻片、无菌滴管、镊子、接种环、小刀(或刀片)、水浴锅、显微镜、超净工作台、恒温培养箱。

(四)方法与步骤

1. 插片法

(1)倒平板　将高氏1号培养基熔化后，倒15～20 mL于直径9 cm的灭菌培养皿内(其他规格培养皿达到同样高度即可)，凝固后使用。

(2)插片　用灼烧灭菌的镊子将灭菌的盖玻片以45°角插入培养皿内的培养基中，插入深约为培养基高度的1/3～1/2(图5-1)。

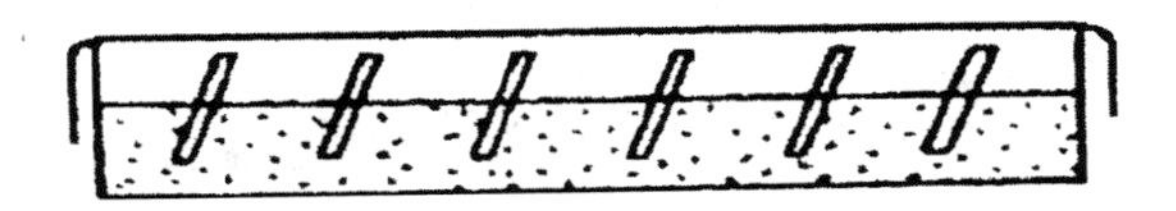

图5-1　培养皿固体培养基插片方式示意图

(3)接种与培养　用接种环将菌种接种在盖玻片与琼脂相接的沿线，于28℃放置培养3～7 d。

(4)观察　培养后菌丝体生长在培养基及盖玻片上，小心用镊子将盖玻片抽出，轻轻擦去

生长较差的一面的菌丝体，将生长良好的菌丝体面向载玻片，压放于载玻片上。直接在显微镜下观察，染色可以增强观察效果。

2. 压印法

(1)制备放线菌平板　同1.中(1)。在凝固的高氏1号培养基平板上用划线分离法得到单一的放线菌菌落。

(2)挑取菌落　用灭菌的小刀(或刀片)挑取有单一菌落的培养基1小块，放在洁净的载玻片上。

(3)加盖玻片　用镊子取1洁净盖玻片，在火焰上稍微加热(注意：别将盖玻片烤碎)，然后把盖玻片放在带菌落的培养基小块上，再用小镊子轻轻压几下(注意：别将盖玻片压碎)，使菌落的部分菌丝体印压在盖玻片上。

(4)观察　将印压好的盖玻片放在另一块洁净的载玻片上(有菌体的一面朝向载玻片)，然后放置在显微镜下观察。

3. 埋片法

(1)倒琼脂平板　将已配制、灭菌的高氏1号琼脂培养基熔化，通过无菌操作倒入灭菌的培养皿底，使其凝固。常规培养皿倒入10～15 mL培养基。

(2)接种与培养　在已凝固的琼脂平板上用灭菌小刀切开两条小槽，宽度小于1.5 cm。把放线菌接种在小槽边上，盖上已灭菌的盖玻片2片(图5-2)。将制作好的平板放在28℃恒温箱中培养3～4 d。

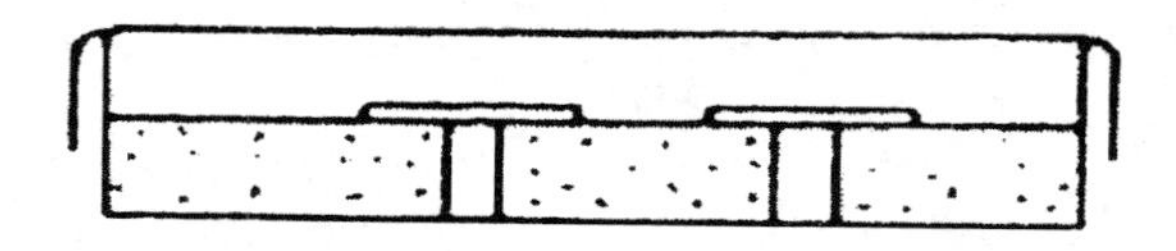

图5-2　培养皿固体培养基接种与培养示意图

(3)观察　取出培养皿，可以打开皿盖，将培养皿直接置于显微镜下观察；也可以取下盖玻片，将其放在洁净载玻片上，放在显微镜下观察。

(五)结果

(1)观察并绘制放线菌的孢子丝形态，并指明其着生方式。

(2)绘图和描述观察到的自然生长状态下放线菌形态。

(3)比较不同放线菌形态特征的异同。

思考题

1. 在高倍镜或油镜下如何区分放线菌的基内菌丝和气生菌丝？

2. 比较实验中采用的几种观察方法的优缺点。

二、酵母菌的显微形态观察

(一)目的

(1)观察啤酒酵母的个体形态及其无性繁殖。

(2)观察假丝酵母的菌体结构、假菌丝以及繁殖特点。

(二)原理

真菌是具有真正细胞核的真核生物,包括酵母菌、霉菌和蕈类3大类型。本部分主要介绍如何观察酵母菌的显微形态结构。

酵母菌是单细胞的真核微生物,细胞核和细胞质有明显分化,个体比细菌大得多。酵母菌的形态通常有球状、卵圆状、椭圆状、柱状或香肠状等多种。酵母菌的无性繁殖有芽殖、裂殖和产生掷孢子;酵母菌的有性繁殖形成子囊和子囊孢子。酵母菌母细胞在一系列的芽殖后,如果长大的子细胞与母细胞并不分离,就会形成藕节状的假菌丝。

(三)材料

1. 仪器及其他用品

接种针、接种环、酒精灯、载玻片、盖玻片、吸管、显微镜、镊子、恒温培养箱。

2. 培养基与试剂

麦芽汁培养基、肉汤蛋白胨培养基、0.1%美蓝液、孔雀绿染液。

3. 菌种

啤酒酵母(*Saccharomyces cerevisiae*)、假丝酵母(*Candida* sp.)的试管斜面菌种。

(四)方法与步骤

1. 啤酒酵母形态观察

取一洁净载玻片,在载玻片上滴1滴无菌水,用接种环挑取少许啤酒酵母菌苔置于无菌水中,用接种环轻轻划动,使其分散成云雾状薄层;另取1盖玻片,小心覆盖菌液。在显微镜下观察酵母细胞的形状、大小及出芽方式。

2. 假丝酵母观察

用划线法将假丝酵母接种在麦芽汁平板上,在划线部分加无菌盖玻片,于28~30℃培养3 d,取下盖玻片,菌体面向下轻放到洁净载玻片上,在显微镜下观察划线两边呈树枝状分枝的假菌丝细胞的形状;或打开皿盖,在低倍显微镜下直接观察划线两边的假菌丝。

3. 酵母菌死、活细胞的检查

载玻片上加1滴0.1%的美蓝液,用接种环挑取少许酵母菌苔置于美蓝液滴中,用接种环划动,使其分散均匀,加盖玻片,在显微镜下观察,死细胞为蓝色,活细胞无色。

4. 子囊孢子的观察

将啤酒酵母接种于麦芽汁液体培养基中,于28~30℃恒温箱中培养24 h,连续转接培养3~4次;再转接到肉汤蛋白胨培养基中,在25~28℃的恒温箱中培养3 d左右,最后经过涂片染色后(按芽孢染色法),观察子囊孢子形状和特点,以及每个子囊内的孢子数等。

(五)结果

把观察到的各种酵母绘图,并注明各部分名称。

思考题

1. 在酵母菌死、活细胞的观察中,使用美蓝液有何作用?
2. 比较假丝酵母与啤酒酵母形态的异同。

三、霉菌的显微形态观察

(一)目的

(1)观察霉菌的显微形态及特化结构。

(2)学习用水浸法观察霉菌的技术。

(二)原理

霉菌形态比细菌、酵母菌复杂，个体比较大，具有分枝的菌丝体和分化的繁殖器官。霉菌营养体的基本形态单位是菌丝，包括有隔菌丝和无隔菌丝。营养菌丝分布在营养基质的内部，气生菌丝伸展到空气中。营养菌丝体除基本结构以外，有的霉菌还有一些特化形态，例如假根、匍匐菌丝、吸器等。霉菌的繁殖体不仅包括无性繁殖体，例如分生孢子头，孢子囊等，其内或附着其上有各类无性孢子；还包括有性繁殖结构，例如子囊果，其内形成有性孢子。在观察时要注意细胞的大小，菌丝构造和繁殖方式。

(三)材料

1. 菌种

黑根霉(*Rhizopus nigricans*)、总状毛霉(*Mucor racemosus*)、产黄青霉(*Penicillium chrysogenum*)、木霉(*Trichoderma* spp.)、黑曲霉(*Aspergillus nigricans*)、犁头霉(*Absidia* spp.)等斜面菌种。

2. 培养基及试剂

乳酸-石炭酸液、PDA 培养基。

3. 仪器及其他用品

显微镜、接种针、接种环、酒精灯、载玻片、盖玻片、吸管。

(四)方法与步骤

1. 倒平板

将 PDA 培养基熔化后，倒 15～20 mL 于灭菌培养皿内，凝固后使用。

2. 接种与培养

将青霉、木霉、毛霉、曲霉、根霉、犁头霉接种在不同的平皿中，置于 28～30℃的恒温箱中培养 3～7 d。

3. 制水浸片

取洁净的载玻片，分别滴加 1 滴乳酸-石炭酸液，挑取不同菌株的菌丝，分别置于不同的载玻片上(用记号笔标记菌株名称)，加盖玻片。

4. 观察

(1)观察青霉、木霉、毛霉、曲霉形态　选取标记青霉、木霉、毛霉、曲霉的载玻片，观察霉菌的菌丝及其分隔情况；观察菌丝体；观察分生孢子着生情况(要求辨认分生孢子梗、顶囊、小梗及分生孢子)。

(2)观察根霉形态　选取标记根霉的载玻片，观察假根、匍匐枝、孢子囊柄、孢子囊以及孢囊孢子。

(3)观察犁头霉形态　选取标记犁头霉的载玻片，观察犁头霉的接合孢子。

(五)结果

(1)把观察到的各种霉菌绘图,并注明各部分名称。

(2)列表比较根霉与毛霉,青霉与曲霉在形态结构上的异同。

思考题

1. 为何要用乳酸-石炭酸溶液作霉菌水浸片?
2. 比较霉菌菌丝与假丝酵母菌丝的区别。

实验六　微生物培养的菌落特征

(一)目的

(1)熟悉各大类微生物菌落的形态特征。

(2)通过微生物菌落形态观察来识别细菌、放线菌、酵母菌和霉菌 4 大类微生物。

(二)原理

区分和识别各大类微生物,通常包括菌落形态(群体形态)和细胞形态(个体形态)两方面。细胞的形态构造是群体形态的基础,群体形态则是无数细胞形态的集中反映,故每一大类微生物都有一定的菌落特征,即它们在形状、大小、色泽、透明度、致密度和边缘等特征上都有所差异,一般根据这些差异就能识别大部分菌落。图 6-1 至图 6-3 表示一些菌落的直观特点。

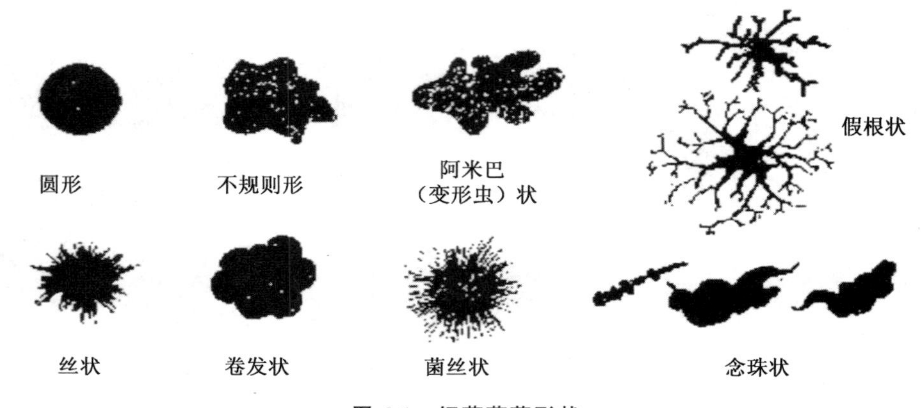

图 6-1　细菌菌落形状

(三)材料

1. 菌种

(1)细菌　大肠埃希氏菌(*Escherichia coli*)、金黄色葡萄球菌(*Staphylococcus aureus*)。

(2)放线菌　细黄链霉菌(*Strep. microflavus*)、灰色链霉菌(*Strep. griseus*)、天蓝放线菌(*Strep. coelicolor*)。

(3)酵母菌　酿酒酵母(*Saccharomyces cerevisiae*)、解脂假丝酵母(*Candida lipolytica*)、黏红酵母(*Rhodotorula glutinis*)。

(4)霉菌　米曲霉(*Aspergillus oryzae*)、产黄青霉(*Penicillium chrysogenum*)。

2. 培养基

高氏 1 号培养基、察氏培养基、马铃薯葡萄糖琼脂培养基、肉汤蛋白胨培养基、麦芽汁培养基。

3. 仪器及其他用品

培养皿、三角烧瓶(250 mL)、试管、接种针(环)、显微镜。

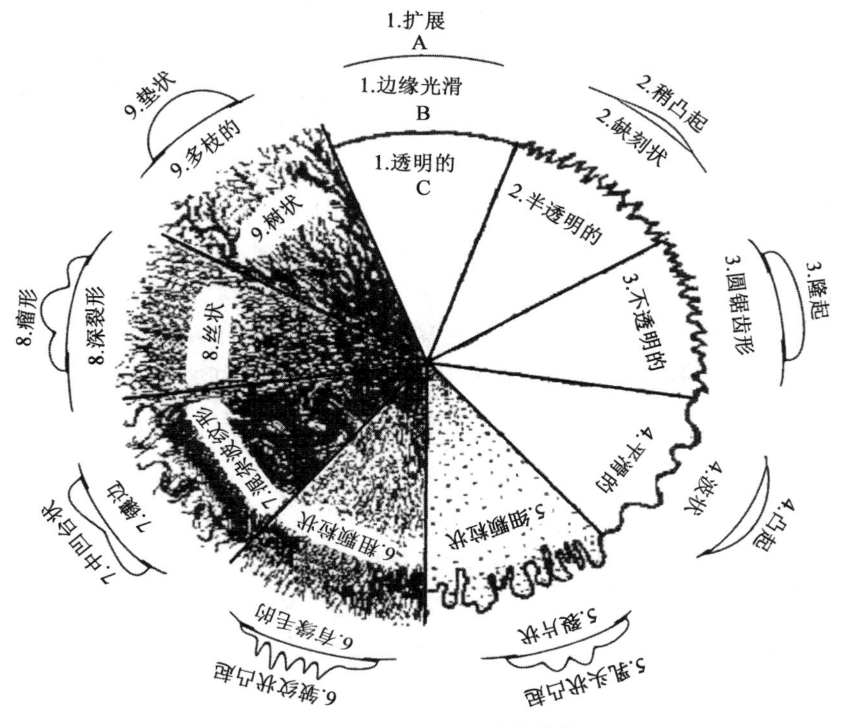

A. 凸起　B. 边缘　C. 内部结构

图 6-2　细菌菌落特征

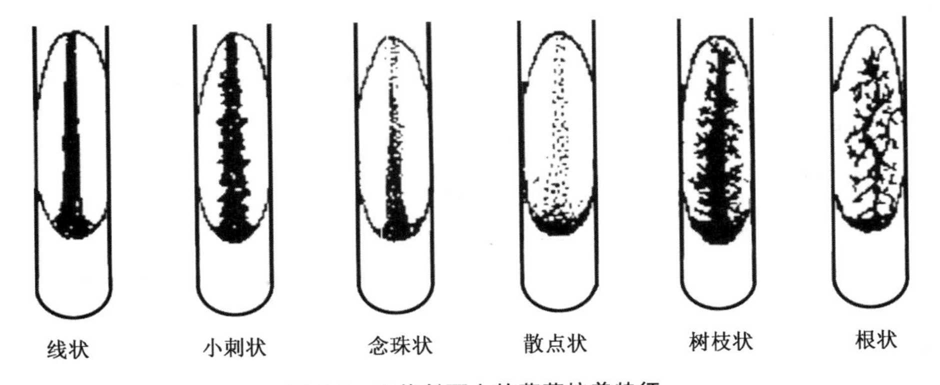

图 6-3　固体斜面上的菌落培养特征

(四)方法与步骤

1. 倒平板

将培养基熔化后，倒 10～25 mL(依据实验目的不同而定)于已灭菌培养皿内，静置数分钟，凝固后使用。

2. 接种

(1)接种已知菌　将 1 株已知的细菌、放线菌、酵母菌，同时分别选取对应的平板培养基，以划线法制成相应的已知菌平板；选取 1 株霉菌，用点种法制成已知菌平板。

(2)接种未知菌　可将以上几种培养基暴露于空气中 5～10 min，制成未知菌平板，用于接种空气环境的未知微生物，或用土壤稀释液涂布平板培养基，用于接种土壤环境的未知微生物。

3. 培养

将已知菌平板与未知菌平板培养于适温培养箱中，细菌、酵母菌培养 1～3 d，霉菌、放线菌培养 3～7 d。

4. 观察与比较

取上述 4 类菌培养后的平板，分别进行观察，描述已知菌的菌落形态并记录；与已知菌相比较，从未知菌平板上选取 1 株近似菌株，描述并记录其菌落特征。同时比较和识别图示的菌落形态特征(参见图 6-1 和图 6-2)。

(五)结果

将观察结果记录在表 6-1 中。

表 6-1　微生物菌落形态观察记录表

类别		菌落特征比较						
		菌落大小	表面	边缘	色泽	厚薄	透明度	致密度
细菌	已知菌( )							
	未知菌							
放线菌	已知菌( )							
	未知菌							
酵母菌	已知菌( )							
	未知菌							
霉菌	已知菌( )							
	未知菌							

思考题

1. 细菌与酵母菌的菌落有何区别？

2. 如何区分霉菌与放线菌的菌落？什么是扩展性菌落？

3. 如何借助显微镜来观察菌落特征？

4. 如何结合显微形态观察，综合描述某一微生物的形态特征？例如大肠埃希氏菌或赭曲霉。

实验七　微生物细胞大小的测定和显微镜直接计数

(一)目的

(1)学习显微镜测微尺测定微生物菌体大小的方法。

(2)掌握血细胞计数板测定微生物菌体总数的方法。

(二)原理

微生物个体大小是微生物分类鉴定的重要依据之一。微生物个体微小,必须借助于显微镜才能观察,要测量微生物细胞大小,也必须借助于特殊的测微尺(图 7-1)在显微镜下进行测量。镜台测微尺每小格长 10 μm,用于对目镜测微尺进行标定。

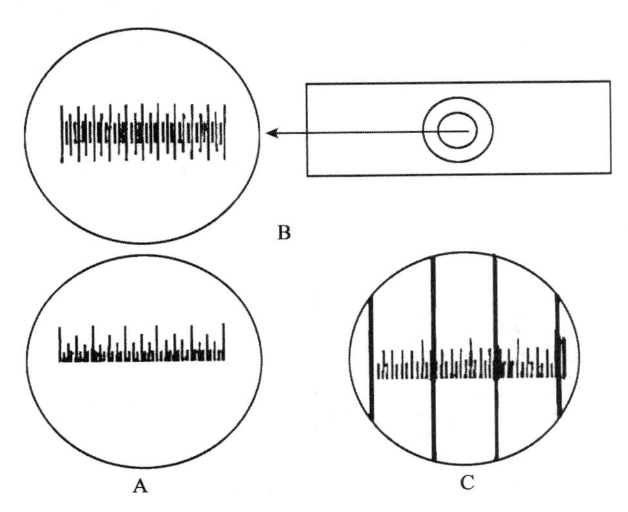

A. 目镜测微尺　B. 镜台测微尺　C. 两尺左边刻度重合

图 7-1　测微尺

血细胞计数板不能区分死、活细胞,可以计量微生物细胞总数,通常用于对酵母菌、霉菌孢子等真核微生物的计数。血细胞计数板构造如图 7-2 所示,计数室的体积为 0.1 mm^3,包括 400 个小格。血细胞计数板计数示例见图 7-3。

二维码 7-1
显微镜测微尺
的组成

二维码 7-2
血细胞计数板
的结构

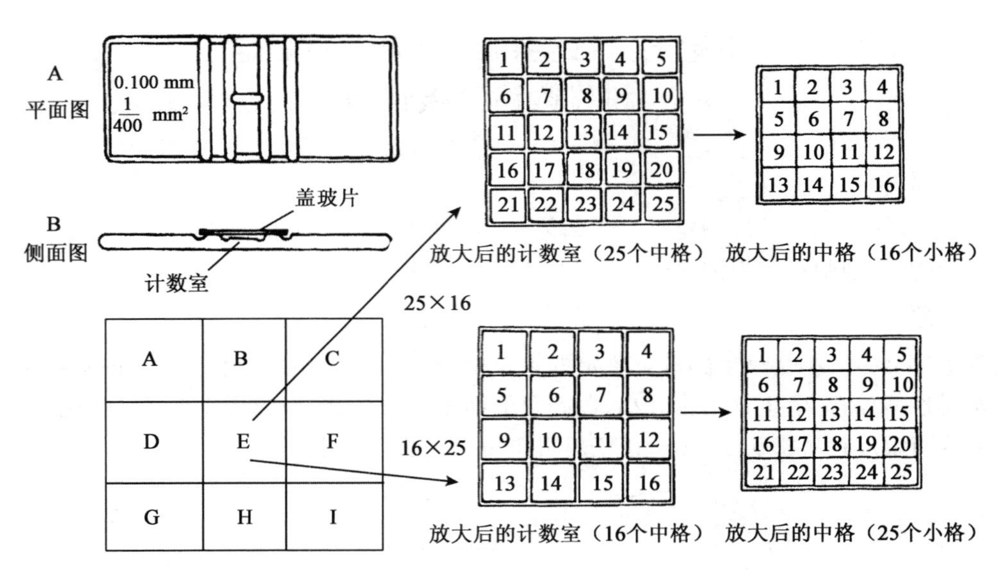

图 7-2　血细胞计数板

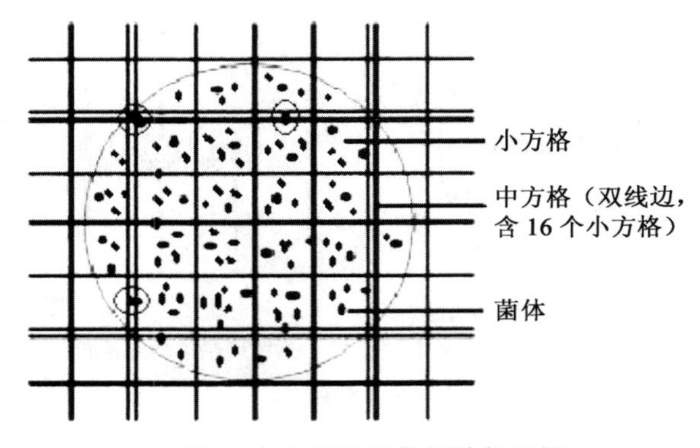

图 7-3　血细胞计数板计数示例

(三)材料

1. 菌种

培养 48 h 的啤酒酵母(*Saccharomyces cerevisiae*)斜面菌体和菌悬液。

2. 仪器及其他用品

显微镜、目镜测微尺、镜台测微尺、载玻片、盖玻片、血细胞计数板、擦镜纸、吸水纸、玻片架、肾形盘、洗瓶、接种环、酒精灯、火柴、滴管。

(四)方法与步骤

1. 微生物菌体大小的测定

(1)目镜测微尺的校正

①更换目镜镜头。更换目镜测微尺镜头(标记为 PF),或者取下目镜上部或下部的透镜,

在光圈的位置上安上目镜测微尺，刻度朝下，再装上透镜，制成一个目镜测微尺的镜头。

②某一倍率下标定目镜刻度。将镜台测微尺置于载物台上，使刻度面朝上，先用低倍镜对准焦距，看清镜台测微尺的刻度后，转动目镜，使目镜测微尺与镜台测微尺的刻度平行，移动推动器使两尺重叠，并使两尺的左边的某一刻度相重合，向右寻找两尺相重合的另一刻度。记录两重叠刻度间的目镜测微尺的格数和镜台测微尺的格数（图 7-1C）。

③计算该倍率下目镜刻度。

$$\text{目镜测微尺每格长度}=\frac{\text{镜台测微尺格数}}{\text{目镜测微尺格数}}\times 10\ \mu\text{m}$$

④标定并计算其他放大倍率下的目镜刻度。以同样方法分别在不同倍率的物镜下测定目镜测微尺每格代表的实际长度。如此测定后的测微尺的长度，仅适用于测定时使用的显微镜以及该目镜与物镜的放大倍率。

（2）菌体大小的测定

①制成水浸片。在载玻片上滴加 1 滴无菌水，挑取啤酒酵母少许混合于水滴中，加盖玻片制成水浸片。

②大小换算。先在低倍镜下找到目的物，然后在高倍镜下用目镜测微尺测定每个菌体长度和宽度所占的刻度，即可换算成菌体的长和宽。

③求平均值。一般测量微生物细胞的大小时，用同一放大倍数在同一标本上任意测定 10～20 个菌体后，求出其平均值即可代表该菌的大小。

2. 用血细胞计数板测定微生物细胞的数量

（1）检查血细胞计数板　取血细胞计数板 1 块，先用显微镜检查计数板的计数室，看其是否沾有杂质或干涸的菌体，若有污物则通过擦洗、冲洗，使其清洁。镜检清洗后的计数板，直至计数室无污物时才可使用。

（2）稀释样品　将培养后的酵母培养液振摇混匀，然后作一定倍数的稀释。稀释度选择以小方格中分布的菌体清晰可数为宜。一般以每小格内含 4 或 5 个菌体的稀释度为宜。

（3）加样　取出 1 块干净盖玻片盖在计数板中央。用滴管取 1 滴菌稀释悬液注入盖玻片边缘，让菌液自行渗入，若菌液太多可用吸水纸吸去。静置 5～10 min。

（4）镜检　待细胞不动后进行镜检计数。先用低倍镜找到计数室方格后，再用高倍镜测数。一般应取四角及中央 5 个中格的总菌数。为了保证计数的准确性，避免重复计数和漏记，在计数时，对沉降在格线上的细胞的统计应有统一的规定，遇到位于线上的菌体，一般只计数格上方（下方）及右方（左方）线上的菌体（图 7-3）。每个样品重复 3 次。

（5）计算　取以上计数的平均值，按下列公式计算出每毫升菌液中的含菌量。

$$\text{菌体细胞数(CFU/mL)}=\text{小格内平均菌体细胞数}\times 400\times 10^{4}\times\text{稀释倍数}$$

（6）清洗　计数板用毕后先用 95％的酒精轻轻擦洗，再用蒸馏水淋洗，然后吸干，最后用擦镜纸揩干净。若计数的样品是病原微生物，则须先浸泡在 5％石炭酸溶液中进行消毒后再进行清洗。然后放回原位，切勿用硬物洗刷。

（五）结果

（1）计算出目镜测微尺在低、高倍镜下的刻度值。

(2)记录菌体大小的测定结果。

(3)计算样品中酵母菌浓度。

思考题

1. 为什么随着显微镜放大倍数的改变,目镜测微尺每格相对的长度也会改变? 能找出这种变化的规律吗?

2. 根据测量结果,为什么同种酵母菌的菌体大小不完全相同?

3. 能否用血细胞计数板在油镜下进行计数? 为什么?

4. 根据自己体会,说明血细胞计数板计数的误差主要来自哪些方面? 如何减少误差?

实验八　物理、化学因素对微生物的影响

一、物理因素对微生物的影响

(一)目的

(1)观测氧气、温度、紫外线、渗透压对微生物生长的影响。

(2)认识细菌芽孢对热、紫外线的抵抗力。

(二)原理

环境因素包括物理因素、化学因素和生物因素。提供和控制良好的环境条件可以促进有益的微生物大量繁殖或产生有经济价值的代谢产物。相反,不良的环境条件使微生物的生长受到抑制,甚至导致菌体的死亡。但是某些微生物产生的芽孢,对恶劣的环境条件有较强的抵抗能力。

根据微生物对氧气的需求,可把微生物分为好氧菌、厌氧菌和兼性好氧菌。在鉴定细菌时,常以它们的好氧性作为指标。

温度是影响微生物生长的重要因素之一。根据微生物生长的最适温度范围,可分为高温菌、中温菌和低温菌,自然界中绝大部分微生物属于中温菌。

紫外线主要作用于细胞内的DNA,轻则使微生物发生突变,重则造成微生物死亡。紫外线照射的剂量与所用紫外灯的功率、照射距离和照射时间有关。紫外线透过物质的能力较弱,一层黑纸足以挡住紫外线的通过。

渗透压对微生物有很大影响,不同的微生物对渗透压的适应性是不同的。在等渗压溶液中,微生物代谢活动保持正常;在高渗溶液中,细胞脱水,严重时可导致质壁分离,影响微生物生命活动或使之死亡。

(三)材料

1.菌种

大肠埃希氏菌、枯草芽孢杆菌、金黄色葡萄球菌、酿酒酵母、丙酮-丁醇梭菌。

2.培养基

牛肉膏蛋白胨培养基、豆芽汁葡萄糖培养基、察氏培养基。

3.仪器及其他用品

培养皿、无菌圆滤纸片、镊子、无菌水、无菌滴管、水浴锅、紫外灯、黑纸、试管、接种针、恒温箱、刮铲、吸管、调温摇床、分光光度计。

(四)方法与步骤

1.氧气对微生物生长的影响

(1)制备试管培养基　依据培养基配方制作牛肉膏蛋白胨半固体培养基,灭菌备用。

(2)接种与培养　取上述试管7支,用穿刺接种法分别接种枯草芽孢杆菌、大肠埃希氏菌和丙酮-丁醇梭菌,每种菌接种2支培养基试管,剩余1支作为空白对照。注意:穿刺接种到上述培养基中时,必须穿刺到管底,在37℃恒温箱中培养48 h。

(3)观察结果　取出试验样品,观察各菌种在培养基中生长的部位。

2. 微生物生长的最适温度

(1)配制培养基　配制牛肉膏蛋白胨培养液试管(标记 A)和豆芽汁葡萄糖培养液试管(标记 B)各 8 支,每管装 5 mL 培养液,灭菌备用。

(2)选择试验温度　取 8 支 A 培养液试管和 8 支 B 培养液试管,分别标明 20℃,28℃,37℃和 45℃ 4 种温度,每种温度下 A 培养液和 B 培养液各 2 管。

(3)接种与培养　A 试管分别接入培养 18～20 h 的大肠埃希氏菌 0.1 mL,混匀;同样 B 试管接入培养 18～20 h 的酿酒酵母菌液 0.1 mL,混匀;每个处理设 2 个重复,并进行标记。放在标记温度下振荡培养 24 h。

(4)观察结果　根据菌液的浑浊度判断大肠埃希氏菌和酿酒酵母菌生长繁殖的最适温度。

3. 微生物对高温的抵抗力

(1)选取培养基　取 8 支 A 培养液试管,按顺序 1～8 编号。

(2)接种　其中 4 支(例如 1,3,5,7)培养液试管中各接入培养 48 h 的大肠埃希氏菌的菌悬液 0.1 mL,其余 4 支(2,4,6,8)培养液试管中各接入培养 48 h 的枯草芽孢杆菌的菌悬液 0.1 mL,混匀。

(3)高温水浴　将 8 支已接种的培养液试管同时放入 100℃水浴中,10 min 后取出 1～4 号管,再过 10 min 后,取出 5～8 号管。各管取出后立即用冷水或冰浴冷却。

(4)培养　将各管置于 37℃恒温箱中培养 24 h。

(5)观察结果　依据菌株生长状况记录结果。以“－”表示不生长,“＋”表示生长,并以“＋”“＋＋”“＋＋＋”表示不同生长量。

4. 紫外线对微生物的影响

(1)标记培养基　取牛肉膏蛋白胨培养基平板 3 个,分别标明大肠埃希氏菌、枯草芽孢杆菌、金黄色葡萄球菌等试验菌的名称。

(2)接种　分别用无菌吸管取培养 18～20 h 的大肠埃希氏菌、枯草芽孢杆菌和金黄色葡萄球菌菌液 0.1 mL(或 2 滴),加在相应的平板上,再用无菌刮铲涂布均匀。

(3)紫外线处理　打开培养皿盖,用一块三角形无菌黑纸遮盖部分平板,置于预热 10～15 min 后的紫外灯下,紫外线照射 20 min,取去黑纸,盖上皿盖。

(4)培养　在 37℃培养箱中培养 24 h。

(5)观察结果　观察菌株分布状况,比较并记录 3 种菌对紫外线的抵抗能力。

5. 渗透压对微生物的影响

(1)接种含糖培养基　以察氏培养基为基础,其含糖量分别按 2%,10%,20%,40%配制培养液,每种糖量 2 管,每管装 5 mL,灭菌。

各取一管分别接入大肠埃希氏菌菌液 0.1 mL,另各取一管(分装前调 pH 6.4～6.5)分别接入酿酒酵母菌 0.1 mL。

(2)接种含盐培养　以牛肉膏蛋白胨培养基为基础,其 NaCl 含量分别按 1%,10%,20%,30%配制培养液,每种 NaCl 浓度 2 管,每管装 5 mL,灭菌后各取 1 管分别接入大肠埃希氏菌液 0.1 mL,另取 1 管(分装前调 pH 6.4～6.5)分别接入酿酒酵母菌液 0.1 mL。

(3)观察结果　接种大肠埃希氏菌的各管置 37℃恒温箱中培养 24 h 后观察结果;接种酿酒酵母的各管置 28℃培养 24 h 观察结果。以“－”表示不生长,“＋”表示生长,并以“＋”“＋＋”“＋＋＋”表示不同生长量记录结果。

将不同物理因素对微生物生长的影响记录于表 8-1 中。

表 8-1　不同物理因素对微生物生长的影响

因素		测试微生物	处理方式和结果			
温度	最适生长温度/℃	大肠埃希氏菌 酿酒酵母	20	28	37	45
	抗高温能力	大肠埃希氏菌 枯草芽孢杆菌	100℃	10 min	100℃	20 min
渗透压	不同糖浓度/%	大肠埃希氏菌 酿酒酵母	2	10	20	40
	不同盐浓度/%	大肠埃希氏菌 酿酒酵母	1	10	20	30
紫外线		大肠埃希氏菌 枯草芽孢杆菌 金黄色葡萄球菌	距离 30 cm、功率 20 W、照射 20 min			
氧		大肠埃希氏菌 枯草芽孢杆菌 丙酮-丁醇梭菌	穿刺接种后的生长部位			

二、化学因素对微生物生长的影响

(一)目的

(1)了解化学因素对微生物生长的影响。

(2)掌握检测 pH、化学药剂对微生物生长影响的方法。

(二)原理

抑制或杀死微生物的化学因素种类极多,用途广泛,性质各异。其中表面消毒剂和化学治疗剂最为常见。表面消毒剂在极低浓度时,常常表现为对微生物细胞的刺激作用,随着浓度的逐渐增加,就相继出现抑菌和杀菌作用,对一切活细胞都表现活性。化学治疗剂主要包括一些抗代谢药物,例如抗生素等。在微生物实验中,pH 的变化也对微生物生长产生很大影响。

(三)材料

1. 菌种

大肠埃希氏菌、枯草芽孢杆菌、金黄色葡萄球菌、酿酒酵母菌、产黄青霉、灰色链霉菌。

2. 培养基

牛肉膏蛋白胨培养基、马铃薯葡萄糖琼脂培养基、葡萄糖蛋白胨培养基、豆芽汁葡萄糖培养基。

3. 药品

土霉素、新洁尔灭、复方新诺明、汞溴红(红汞)、结晶紫液(紫药水)。

4. 仪器及其他用品

培养皿、无菌圆滤纸片、镊子、无菌水、无菌滴管、水浴锅、振荡器、游标尺、分光光度计。

(四)方法与步骤

1. 不同药物的杀菌试验

①取培养 18～20 h 的大肠埃希氏菌、枯草芽孢杆菌和金黄色葡萄球菌斜面各 1 支,分别加入 4 mL 无菌水,用接种环将菌苔轻轻刮下,振荡,制成均匀的菌悬液。

②分别用无菌吸管取菌悬液 0.2 mL 于相应的无菌培养皿中。每种试验菌一皿。将熔化并冷至 45～50℃的牛肉膏蛋白胨培养基倾入皿中约 15 mL,迅速与菌液混匀,冷凝,制成含菌平板。

③用镊子取分别浸泡在土霉素、复方新诺明、新洁尔灭、红汞和结晶紫药品溶液中的小圆滤纸片各一张,置于同一含菌平板上。在皿底写明菌名及测试药品名称。

④将平板倒置于 37℃恒温箱中,培养 24 h 后观察结果,测量并记录抑菌圈的直径。根据其直径的大小,可初步确定测试药品的抑菌效能。

2. 抗生素对微生物生长的影响

一些微生物可产生抑制或杀死其他微生物的抗生素,不同的抗生素拮抗的微生物种类不尽相同。测定某一抗生素的抗菌范围,称为抗菌谱试验。

①取无菌培养皿 2 个,倾入豆芽汁葡萄糖琼脂培养基,制成平板。

②用接种环取产黄青霉的孢子于 1 mL 无菌水中,制成孢子悬液,取孢子悬液 1 环在平板一侧划一直线,置 28℃培养 3～4 d,使其形成菌苔及产生青霉素。

③用接种环分别取培养 18～24 h 的大肠埃希氏菌、枯草芽孢杆菌和金黄色葡萄球菌,从产黄青霉菌苔边缘(不要接触菌苔)向外划一直线接种,呈 3 条平行线。

④用马铃薯葡萄糖琼脂培养基倒 2 个平板,同上述方法接种灰色链霉菌,28℃培养 5～6 d,然后接种于上述相同的 3 种供试细菌。

⑤将平板置于 37℃培养 24 h 后观察结果。

3. pH 对微生物生长的影响

①配制牛肉膏蛋白胨液体培养基,分别调 pH 至 3,5,7,9 和 11,每种 3 管,每管装培养液 5 mL,灭菌备用。取培养 18～20 h 的大肠埃希氏菌斜面 1 支,加入无菌水 4 mL,制成菌悬液,每支牛肉膏蛋白胨液体培养基试管中接入大肠埃希氏菌 0.1 mL,摇匀,于 37℃培养。

②配制豆芽汁葡萄糖液体培养基,分别调 pH 至 3,5,7,9 和 11,每种 3 管,每管装培养液 5 mL,灭菌备用。按上法制成酿酒酵母菌悬液,每管接种 0.1 mL ,摇匀,于 28℃培养。

③培养 24 h 后观察结果。根据菌液的浑浊程度判定微生物在不同 pH 的生长情况。

(五)结果

(1)将不同药物对微生物生长的影响记录于表 8-2 中。

表 8-2　不同药物对微生物生长的影响

试验药品	大肠埃希氏菌	枯草芽孢杆菌	金黄色葡萄球菌
复方新诺明			
新洁尔灭			
土霉素			
红汞			
结晶紫			

（2）将不同抗生素对微生物生长的影响记录于表 8-3 中。

表 8-3　不同抗生素对微生物生长的影响

抗生素	试验菌株		
	大肠埃希氏菌	枯草芽孢杆菌	金黄色葡萄球菌
产黄青霉（青霉素）			
灰色链霉菌（链霉素）			

（3）将不同 pH 对微生物生长的影响记录于表 8-4 中。

表 8-4　不同 pH 对微生物生长的影响

试验菌	pH				
	3	5	7	9	11
大肠埃希氏菌					
酿酒酵母					

思考题

1. 上述多个试验中，为什么选用大肠埃希氏菌、金黄色葡萄球菌和枯草芽孢杆菌作为试验菌？
2. 说明青霉素和链霉素的作用原理。
3. 通过实验说明芽孢的存在对消毒灭菌有什么影响。

实验九 细菌生长曲线的测定

(一)目的

(1)了解细菌生长特点及测定原理。

(2)学习用比浊法测定细菌生长曲线的方法。

(二)原理

将少量细菌接种到一定体积、适合的新鲜液体培养基中,在适宜条件下进行培养,定时测定其菌量,以菌量的对数值(或 OD 值,optical density)为纵坐标,以培养时间为横坐标,绘制的曲线叫生长曲线。它反映了单细胞微生物在一定环境条件下的群体生长规律。依据其生长速率的不同,一般可把生长曲线分为延缓期、对数期、稳定期和衰亡期。各时期的长短因菌种遗传特性、接种量、培养基和培养条件不同而有所改变。因此通过测定微生物的生长曲线,可了解各菌的生长规律,对于科研和生产都具有重要的指导意义。

测定微生物的数量有多种不同的方法,可根据要求和实验室条件选用。本实验采用比浊法测定,由于细菌悬液的浓度与光密度(OD 值)成正比,因此可利用分光光度计测定菌悬液的光密度来推知菌液的浓度,并将所测的 OD 值与其对应的培养时间作图,即可绘出该菌在一定条件下的生长曲线,此法快捷、简便。

(三)材料

1. 菌种

大肠埃希氏菌(*Escherichia coli*)。

2. 培养基

牛肉膏蛋白胨培养液。

3. 仪器及其他用品

721 分光光度计、比色杯、恒温摇床、无菌吸管、试管、三角瓶。

(四)流程

种子液→标记→接种→培养→测定。

(五)方法与步骤

1. 种子液制备

取大肠埃希氏菌斜面菌种 1 支,以无菌操作挑取 1 环菌苔,接入牛肉膏蛋白胨培养液中,静置培养 18 h 做种子培养液。

2. 标记编号

取盛有 50 mL 无菌牛肉膏蛋白胨培养液的 250 mL 三角瓶 12 个,分别编号为 0,1.5,3,4,6,8,10,12,14,16,20 h 和对照。

3. 接种培养

用 2 mL 无菌吸管分别准确吸取 2 mL 种子液加入已编号的前 11 个三角瓶中,于 37℃下振荡培养。未接种的为空白对照。然后分别按对应培养时间将三角瓶取出,立即放冰箱中贮存,待培养结束时一同测定 OD 值。

4. 生长量测定

将对照的牛肉膏蛋白胨培养液倾倒入比色杯中，选用 600 nm 波长分光光度计调节零点，并对不同培养时间的培养液从 0 h 起依次进行测定，对浓度大的菌悬液用未接种的牛肉膏蛋白胨液体培养液适当稀释后测定，使其 OD 值在 0.100.65，经稀释后测得的 OD_{600} 值要乘以稀释倍数，才是培养液实际的 OD_{600} 值。

5. 清洗

将实验材料煮沸杀菌后洗刷干净。

(六)结果

(1)将测定的 OD 值填入表 9-1 中。

表 9-1　不同培养时间的光密度值

培养时间/h	对照	0	1.5	3	4	6	8	10	12	14	16	20
光密度值(OD_{600})												

(2)以上述表格中的培养时间为横坐标，OD_{600} 值为纵坐标，绘制大肠埃希氏菌的生长曲线。

(七)注意事项

(1)测定 OD_{600} 值时，要从低浓度到高浓度测定。

(2)严格控制培养时间。

思考题

1. 用本实验方法测定微生物生长曲线，有何优缺点？

2. 若同时用平板计数法测定，所绘出的生长曲线与用比浊法测定绘出的生长曲线有何差异？为什么？

实验十　细菌的生理生化试验

(一)目的

(1)了解细菌鉴定中常用的生理生化试验反应原理。

(2)掌握测定细菌生理生化特征的技术和方法。

(二)原理

各种微生物在代谢类型上表现了很大的差异。由于细菌特有的单细胞原核生物的特性，这种差异就表现得更加明显。不同细菌分解、利用糖类、脂肪类和蛋白质类物质的能力不同，所以其发酵的类型和产物也不相同，也就是说，不同微生物具有不同的酶系统。即使在分子生物学技术和手段不断发展的今天，细菌的生理生化反应在菌株的分类鉴定中仍有很大作用。

(三)流程

糖类发酵试验→V. P 试验→甲基红试验→吲哚试验→氨基酸脱羧酶试验→苯丙氨酸脱氨酶试验→大分子水解试验。

(四)方法与步骤

1. 糖类发酵试验

(1)目的　了解不同细菌分解利用糖的能力及实验原理，并掌握糖类发酵试验的操作方法。

(2)原理　糖发酵试验是常用的鉴别微生物的生化反应，在肠道细菌的鉴定上尤其重要，绝大多数细菌都能利用糖类作为碳源，但是它们在分解糖类物质的能力上有很大差异。有些细菌能分解某种糖产生有机酸(如乳酸、醋酸、丙酸等)和气体(如氢气、甲烷、二氧化碳等)，有些细菌只产酸不产气。发酵培养基含有蛋白胨、指示剂(溴甲酚紫)、倒置的杜氏小管和不同的糖类。当发酵产酸时，溴甲酚紫指示剂可由紫色(pH 6.8)转变为黄色(pH 5.2)。气体的产生可由倒置的杜氏小管中有无气泡来证明(图 10-1)。

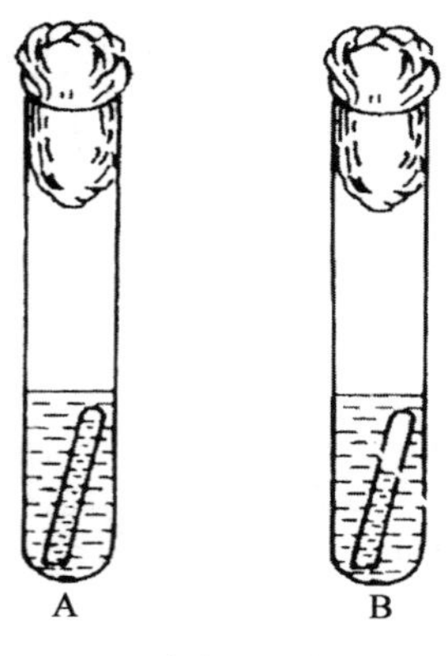

A. 不产气　B. 产气

图 10-1　糖发酵产气示意图

(3)材料

①菌种。大肠埃希氏菌(*Escherichia coli*)、普通变形杆菌(*Proteus vulgaris*)的斜面菌种。

②培养基。葡萄糖发酵培养基试管和乳糖发酵培养基试管各 3 支(内装有倒置的杜氏小管)。

(4)操作

①接种培养。取葡萄糖发酵培养基试管 3 支，分别接入大肠埃希氏菌、普通变形杆菌，第三支不接种，作为空白对照。另取乳糖发酵培养基试管 3 支，同样分别接入大肠埃希氏菌、普通变形杆菌，第三支不接种，作为对照。置于 37℃恒温箱中培养，分别在培养 24，48 和 72 h 后观察结果。

②观察记录。与对照管比较，若接种培养液保持原有颜色，其反应结果为阴性，表明该菌不能利用该种糖，用“－”表示；如培养液呈黄色，反应结果为阳性，表明该菌能分解该种糖产酸，用“＋”表示；如培养液变黄色而且杜氏小管内有气泡为阳性反应，表明该菌分解糖能产酸

并产气，记录用“⊕”表示。

2. 乙酰甲基甲醇试验（V.P 试验）

（1）目的　了解鉴别不同肠杆菌科各菌属的乙酰甲基甲醇试验原理，并掌握其操作方法。

（2）原理　某些细菌在葡萄糖蛋白胨水培养基中能分解葡萄糖产生丙酮酸，丙酮酸缩合、脱羧成乙酰甲基甲醇，后者在强碱环境下，被空气中的氧氧化为二乙酰，二乙酰与蛋白胨中的胍基生成红色化合物，称 V.P(＋)反应。

（3）材料

①菌种。大肠埃希氏菌（*Escherichia coli*）、产气肠杆菌（*Enterobacter aerogenes*）、普通变形杆菌（*Proteus vulgaris*）、枯草芽孢杆菌（*Bacillus subtilis*）的斜面菌种。

②培养基及试剂。葡萄糖蛋白胨水培养基、40％NaOH 溶液、肌酸。

（4）操作

①标记试管。取 5 支装有葡萄糖蛋白胨水培养基的试管，分别标记大肠埃希氏菌、产气肠杆菌、普通变形菌、枯草芽孢杆菌和空白对照。

②接种培养。以无菌操作分别接种少量菌苔至以上相应试管中，空白对照管不接种，置于37℃恒温箱中，培养 24～48 h。

③观察记录。取出以上试管，振荡 2 min。另取 5 支空试管相应标记菌名，分别加入 3～5 mL 以上对应管中的培养液，再加入 40％ NaOH 溶液 10～20 滴，并用牙签挑入 0.51 mg 微量肌酸，振荡试管，以使空气中的氧溶入，置于 37℃恒温箱中保温 15～30 min 后，若培养液呈红色，记录为 V.P 试验阳性反应（用“＋”表示）；若不呈红色，记录为 V.P 试验阴性反应（用“－”表示）。

注意：原试管中留下的培养液用做甲基红试验。

3. 甲基红试验（MR 试验）

（1）目的　了解鉴别肠杆菌科各菌属的甲基红试验原理，并掌握其操作方法。

（2）原理　肠杆菌科各菌属都能发酵葡萄糖，在分解葡萄糖过程中产生丙酮酸，进一步分解中，由于糖代谢的途径不同，可产生乳酸、琥珀酸、醋酸和甲酸等大量酸性产物，可使培养基 pH 下降至 4.5 以下，使甲基红指示剂变红。

（3）材料

①菌种。同 V.P 试验。

②培养基及试剂。培养基同 V.P 试验、甲基红指示剂。

（4）操作　于 V.P 试验留下的培养液中，各加入 2～3 滴甲基红指示剂，注意沿管壁加入。仔细观察培养液上层，若培养液上层变成红色，即为阳性反应；若仍呈黄色，则为阴性反应，分别用“＋”或“－”表示。

4. 吲哚试验

（1）目的　掌握吲哚试验（Ehrlich 法）的原理和方法。

（2）原理　有些细菌含有色氨酸酶，能分解蛋白胨中的色氨酸生成吲哚（靛基质）。吲哚本身没有颜色，但当与吲哚试剂中的对二甲基氨基苯甲醛作用后可形成红色的玫瑰吲哚。

（3）材料

①菌种。大肠埃希氏杆菌、产气肠杆菌、普通变形杆菌、枯草芽孢杆菌。

②培养基及试剂。蛋白胨水培养基、乙醚、吲哚试剂。

(4)操作

①试管标记。取装有蛋白胨水培养基的试管5支,分别标记大肠埃希氏杆菌、产气肠杆菌、普通变形杆菌、枯草芽孢杆菌和空白对照。

②接种培养。以无菌操作分别接种少量菌苔到以上相应试管中,第五管做空白对照不接种,置于37℃恒温箱中培养24~48 h。

③观察记录。在培养基中加入乙醚1~2 mL,经充分振荡使吲哚萃取至乙醚中,静置片刻后乙醚层浮于培养液的上面,此时沿管壁缓慢加入5~10滴吲哚试剂(加入吲哚试剂后切勿摇动试管,以防破坏乙醚层影响结果观察)。如有吲哚存在,乙醚层呈现玫瑰红色,此为吲哚试验阳性反应,用"+"表示;否则为阴性反应,用"-"表示。

5. 氨基酸脱羧酶试验

(1)目的

①了解氨基酸脱羧酶试验的原理及用途。

②学习氨基酸脱羧酶试验的操作技术。

(2)原理　有些细菌含有氨基酸脱羧酶,可以使羧基脱去,生成胺类和二氧化碳,此反应在偏酸性条件下进行。肠道杆菌和假单胞菌的鉴定常采用本试验。氨基酸脱羧酶阳性者由于产生碱性的胺类物质,使培养基中溴甲酚紫指示剂呈紫色;阴性者无碱性产物,但因分解葡萄糖产酸,使培养基呈黄色。

(3)材料

①菌种。大肠埃希氏菌(*Escherichia coli*)和志贺氏菌(*Shigella* sp.)。

②培养基及试剂。氨基酸脱羧酶试验培养基、溴甲酚紫。

(4)操作

①接种培养。取加有*L*-鸟氨酸(或*L*-赖氨酸或*L*-精氨酸,用*DL*型也可)的培养基试管2支,将试验菌接于其内;另取未加氨基酸的对照培养基试管2支,将上述试验菌接于其内。最后将4支管一并放入37℃恒温箱中培养18~24 h观察结果。

②观察记录。培养基呈紫色者,表明试验菌氨基酸脱羧酶试验阳性,记录用"+"表示;培养基呈黄色者,表明试验菌该项试验阴性,记录用"-"表示。

6. 苯丙氨酸脱氨酶试验

(1)目的

①了解苯丙氨酸脱氨酶试验的用途及原理。

②学习苯丙氨酸脱氨酶试验的操作技术。

(2)原理　某些细菌具有苯丙氨酸脱氨酶,能将苯丙氨酸氧化脱氨形成苯丙酮酸,苯丙酮酸遇到三氧化铁呈蓝绿色。本实验用于肠杆菌科和某些芽孢杆菌种的鉴定。

(3)材料

①菌种。大肠埃希氏菌(*Escherichia coli*)和普通变形杆菌(*Proteus vulgaris*)。

②培养基及试剂。苯丙氨酸培养基、10%的三氯化铁溶液。

(4)操作

①接种培养。将试验菌接种到苯丙氨酸培养基斜面上(接种量要大),37℃,培养18~24 h观察结果。

②观察记录。向培养好的菌种斜面上滴加10%的三氯化铁溶液2~3滴,自培养物上流

下，呈蓝绿色者，为苯丙氨酸脱氨酶试验阳性，记录用“＋”表示；否则为阴性，记录用“－”表示。

7. 大分子物质的水解试验

（1）目的

①证明不同微生物对各种有机大分子物质的水解能力不同，从而说明不同微生物有着不同的酶系统。

②掌握进行微生物大分子物质水解实验的原理和方法。

（2）原理　有的微生物对大分子物质如淀粉、脂肪和蛋白质不能直接利用，必须依靠产生的胞外酶将大分子物质分解后才能吸收利用。如淀粉酶水解淀粉为小分子的糊精、双糖和单糖，脂肪酶水解脂肪为甘油和脂肪酸，蛋白酶水解蛋白质为氨基酸等，这些过程均可通过观察细菌菌落周围的物质变化来证实。

淀粉遇碘液会产生蓝色，细菌水解淀粉的区域，用碘液测定时，不再产生蓝色，表明细菌产生了淀粉酶。

脂肪水解后产生脂肪酸可改变培养基的 pH，使 pH 降低，加入培养基的中性红指示剂会使培养基从淡红色转变为深红色，说明存在脂肪酶。

明胶是由胶原蛋白水解产生的蛋白质，在 25℃以下可维持凝胶状态，以固体形式存在。有些微生物可产生一种称作明胶酶的胞外酶，水解这种蛋白质，而使明胶液化，甚至在 4℃仍然能保持液化状态。

蛋白质酪素的水解可用石蕊牛奶来检测。石蕊牛奶培养基由脱脂牛奶和石蕊配制而成，是浑浊的蓝色，酪素水解成氨基酸和肽后，培养基会变得透明。石蕊牛奶也常被用来检测乳糖发酵，因为在酸存在下，石蕊会转变成粉红色，而过量的酸可引起牛奶的固化（凝乳形成）；氨基酸的分解会引起碱性反应，使石蕊变成紫色。此外，某些细菌能还原石蕊，使试管底部变为白色。

尿素是大多数哺乳动物消化蛋白质后分泌在尿液中的废物。尿素酶能分解尿素释放出氨，这是一个分辨细菌很有用的诊断试验。尿素琼脂含有尿素、葡萄糖和酚红，酚红在 pH 6.8 时为黄色，而在培养过程中，产生尿素酶的细菌将分解尿素产生氨，使培养基的 pH 升高，在 pH 升至 8.4 时，指示剂就转变为深粉红色。

（3）材料

①菌种。枯草芽孢杆菌，大肠埃希氏菌，金黄色葡萄球菌，铜绿假单胞菌，普通变形杆菌。

②培养基及试剂。固体淀粉培养基，固体油脂培养基，明胶培养基试管，石蕊牛奶试管，尿素琼脂试管、卢戈氏碘液等。

（4）操作

①淀粉水解试验。

接种培养：分别将枯草芽孢杆菌、大肠埃希氏菌、金黄色葡萄球菌和铜绿假单胞菌划线接种于固体淀粉培养基平板上，将接好菌的平板倒置在 37℃温箱中，培养 24 h。

观察记录：观察各种细菌的生长情况，打开平板盖子，滴入少量卢戈氏碘液于平板中，轻轻旋转平板，使碘液均匀铺满整个平板。如果菌苔周围出现无色透明圈，说明淀粉已被水解，为阳性。透明圈的大小可初步判断该菌水解淀粉能力的强弱，即产生胞外淀粉酶活力的高低。

②油脂水解试验。

接种培养：分别将枯草芽孢杆菌、大肠埃希氏菌、金黄色葡萄球菌和铜绿假单胞菌十字划线接种于固体油脂培养基平板上的中心，将接好菌的平板倒置在 37℃温箱中，培养 24 h。

观察记录：取出平板，观察菌苔颜色，如果出现红色斑点，说明脂肪水解，为阳性反应。

③明胶液化试验。

接种培养：分别将枯草芽孢杆菌、大肠埃希氏菌和金黄色葡萄球菌穿刺接种于明胶培养基试管中，于 20℃培养 2～5 d。

观察记录：观察明胶液化情况。

④石蕊牛奶试验。

接种培养：分别将普通变形杆菌和金黄色葡萄球菌接种于 2 支石蕊牛奶培养基试管中，于 37℃培养 24～48 h。

观察记录：观察培养基颜色变化，石蕊在酸性条件下为粉红色，碱性条件下为紫色，而被还原时为白色。

⑤尿素试验。

接种培养：分别将普通变形杆菌和金黄色葡萄球菌接种于 2 支尿素培养基斜面试管中，于 37℃培养 24～48 h。

观察记录：观察培养基颜色变化，尿素酶存在时为红色，无尿素酶时为黄色。

思考题

1. 以上生理生化反应能用于鉴别细菌，其原理是什么？
2. 细菌生理生化反应试验中为什么要设对照？
3. 试设计一个试验方案，鉴别一株肠道细菌。

实验十一 食品工业常用微生物菌种的分离筛选

一、乳酸菌的分离

(一)目的

了解乳酸菌的分离原理,掌握乳酸菌的分离技术。

(二)原理

乳酸菌生长繁殖时需要多种氨基酸、维生素,分离培养相对困难,所以分离乳酸菌时应先进行富集培养,再选择合适的分离培养基进行。

分离培养基一般可添加番茄、酵母膏、吐温(Tween)-80 等物质,促进乳酸菌生长。分离培养基中也常添加醋酸盐,以抑制某些细菌的生长,但对乳酸菌无害。乳酸菌产生的乳酸可以溶解培养基中的碳酸钙,在菌落周围形成透明圈,其产生的乳酸可以用纸层析法加以鉴别。

(三)材料

1. 样品

未成熟的酱醪 10 g。

2. 培养基

麦芽汁碳酸钙固体培养基、麦芽汁培养基。

3. 试剂

0.1 mol/L 氢氧化钠、1%酚酞、2%标准乳、正丁醇、甲酸、3%溴酚蓝酒精液(pH 6.8~7.2)、新华 1 号滤纸。

4. 器皿

微量注射器、平皿、细口瓶、吸管、带胶帽毛细管、三角瓶、无菌水等。

(四)方法与步骤

1. 富集培养

取样品 1 g 于无菌细口瓶中,加入麦芽汁培养基至瓶口处,加塞密封后置于 25℃ 培养 24~48 h,如培养液内出现绢丝样波纹,镜检细胞杆状,革兰氏染色阳性,则可初步判定为乳酸菌。然后以同样方法移接培养 2~3 代,接种量为 3%~5%。

2. 分离

①取适当的 3 个稀释度的稀释液 0.5~1 mL,分别置入 3 个无菌培养皿中,每个稀释度做 2 个皿的平行。

②将熔化并冷至 45~50℃ 的麦芽汁碳酸钙琼脂培养基 10~12 mL 加入上述各皿中摇匀,待凝固后覆盖同样培养基 4~5 mL,凝固后置于 25℃ 培养 3~5 d 即可出现针头状圆形菌落,菌落周围出现透明圈。

③选透明圈大的菌落,用带胶帽的无菌毛细管刺入培养基内取菌,接入麦芽汁液体培养基中,于 25℃ 培养 24~48 h。再用穿刺接种法转接至麦芽汁碳酸钙标准琼脂管中,于 25℃ 培养 48 h 后保藏。其培养液供分析鉴定用。

3. 性能测定

①镜检细胞杆状、G^+。

②乳酸的鉴定(纸层析法)

点样:将滤纸裁成适当大小,用铅笔在距纸的底边 3 cm 处画一直线(称原线),在线上每间隔 2 cm 标上一个点(称为原点),然后分别用微量注射器吸取麦芽汁(做空白)、发酵液和标准乳酸液点在各原点上。点的直径以 0.3~0.5 cm 为宜,点样量 10~30 μL。

展开:展开剂为正丁醇:甲酸:水=80:15:5,取其 40mL 内加 3%溴酚蓝指示剂 0.4 mL 于分液漏斗中,充分摇匀乳化后放入层析缸内,将滤纸缝合成筒状,悬挂在缸内且不要沾上溶液,进行 1~2 h 平衡。然后将滤纸放下进行展开,当溶剂前沿距滤纸上端 0.5 cm 处时,取出滤纸用铅笔在溶剂前沿处画一直线晾干。

分析:在层析滤纸上,底板呈现蓝色而有机酸呈黄色斑点,被测样斑点的 R_f 值如果与标准乳酸斑点的 R_f 值相等即可确定为乳酸。

$$R_f(\text{移动速率})=\frac{\text{原点到层析点中心距离}}{\text{原点到溶剂前沿的距离}}$$

③乳酸生成量的测定。用刻度吸管取发酵液 5 mL 于 150 mL 三角瓶中,加水 10 mL、酚酞指示剂 2 滴,用 0.1 mol/L 氢氧化钠滴定至微红,计算产酸量。

$$\text{乳酸(g/100 mL)}=\frac{\text{NaOH 物质的量浓度}\times V\times 90.08\times 10^{-3}}{\text{样品的体积}}\times 100$$

式中:V 为消耗的氢氧化钠体积,mL;90.08 为乳酸的摩尔质量,g/mol。

二、醋酸菌的分离

(一)目的

了解醋酸菌的分离和纯化原理,掌握倾注分离法的操作技术。

思政二维码
中国食醋的历史

(二)原理

醋酸菌的细胞呈椭圆至杆状,单个、成对或成链,G^-,专性好氧。在自然界分布很广,在未杀菌的醋、黄酒、啤酒、果酒、酒糟、大曲等中可分离出生醋酸多的氧化醋酸杆菌。

醋酸为挥发酸,有醋的味道。其钠盐、钙盐等溶液与三氯化铁溶液共热时,生成红褐色沉淀,原液体变成无色,可以此进行分离菌的鉴别。

(三)材料

1. 样品

发酵成熟的固体醋醅 30 g。

2. 培养基

米曲汁碳酸钙乙醇培养基或葡萄糖碳酸钙培养基。

3. 试剂

1%三氯化铁溶液、0.1 mol/L NaOH 标准溶液、革兰氏染色液、1%酚酞指示剂、无菌水等。

4. 仪器及其他用品

显微镜、平皿、三角瓶、吸管、试管、玻璃珠等。

(四)方法与步骤

1. 富集培养

10～12°Brix 米曲汁 100 mL，加入结晶紫 0.000 2 g(抑制 G^+ 菌)，自然 pH，0.1 MPa 灭菌 30 min 后冷却至 70℃时加入 3～5 mL 95%的乙醇，摇匀，待冷至 45～50℃时，加入 1～2 g 样品 30℃振荡培养 24 h，若测定增殖液的 pH 明显下降、有醋味、镜检菌体为 G^-、形态与醋酸菌符合即可分离。

2. 平板分离

①取增殖液 10 mL 于装有 90 mL 无菌水三角瓶中(内含玻璃珠数粒)摇匀，以 10 倍稀释法依次稀释至 10^{-7}，然后分别取 10^{-7}，10^{-6}，10^{-5} 3 个稀释度的稀释液各 1 mL 注入无菌平皿内。每个稀释度平行 2 个平皿。

②熔化米曲汁碳酸钙培养基，稍冷后(70℃左右)加入 3%的无水乙醇，摇匀，待冷至 45～50℃时迅速倾入上述各平皿，随即轻轻摇匀，待凝固后置于 30℃培养 2～3 d。醋酸菌因生醋酸溶解了培养基中的碳酸钙，可使菌落周围产生透明圈。

③挑选周围有透明圈的菌落，接于米曲汁碳酸钙乙醇斜面培养基上，于 30℃培养 24～48 h。

3. 性能测定

将各分离菌株分别接入米曲汁(10～12 °Bx)液体培养基中(250 mL 三角瓶装 20 mL 培养基，0.1 MPa 灭菌 30 min，冷后加入无水乙醇 1 mL)，30℃振荡培养 24 h。

(1)镜检　细胞呈整齐的椭圆或短杆状、G^-。

(2)醋酸的定性鉴别　取发酵液 5 mL 于洁净的试管中，用 10% NaOH 溶液中和，加 1% 三氯化铁溶液 2～3 滴，摇匀，加热至沸，如有红褐色沉淀产生而原发酵液已变得无色，即可证明是醋酸。

(3)生酸量测定　取发酵液 1 mL 于 250 mL 三角瓶中，加中性蒸馏水 20 mL，酚酞指示剂 2 滴，用 0.1 mol/L NaOH 溶液滴定至微红色，计算产酸量。

$$\text{醋酸(g/100 mL)}=\frac{\text{NaOH 物质的量浓度}\times V\times 60.06\times 10^{-3}}{\text{样品体积}}\times 100$$

式中：V 为滴定时耗用的 NaOH 的体积，mL；60.06 为醋酸的摩尔质量，g/mol。

三、枯草芽孢杆菌的分离及初筛

(一)目的

学习和掌握枯草芽孢杆菌的分离原理和操作技术。

(二)原理

枯草芽孢杆菌是目前工业用淀粉酶和蛋白酶的生产菌，由于其具有较强的抗高温能力，因而分离时可先采用热处理的方法进行富集，然后利用该菌产酶的特性，选择以淀粉或酪蛋白为主要碳源或氮源的分离培养基。因为酶的水解作用可使菌落周围出现透明圈，所以可根据透明圈的直径与菌落直径之比值初步鉴定酶活力,比值越大者,其酶活力越高。

枯草芽孢杆菌的营养细胞呈杆状,两端钝圆,单生或成短链,可运动,G^+,芽孢中央生,不膨大。菌落扩展、表面干燥,污白或微带黄色。

(三)材料

1.样品

含有枯草芽孢杆菌培养液。

2.培养基及试剂

牛肉膏蛋白胨液体培养基、淀粉琼脂培养基、酪素培养基,0.02 mol/L 碘液,无菌水。

3.仪器及其他用品

显微镜、平皿、吸管、三角瓶。

(四)方法与步骤

1.富集培养

取样品 5 mL 接入牛肉膏蛋白胨液体培养基中,80～90℃水浴加热 10～15 min,然后振荡培养 24 h。

2.倾注分离

将培养液再经 1 次热处理后,进行适当稀释,取后 3 个稀释度的稀释液各 1 mL 注入无菌平皿中,每个稀释度平行 2 个皿。将淀粉琼脂培养基与酪素琼脂培养基熔化后冷却至 50℃倾入各皿,立即摇匀,凝固后 30℃培养 24～48 h。

分离淀粉酶菌株时,可取碘液加在淀粉平板上的菌落周围,观察形成透明圈的情况,选取透明圈与菌落比值大的菌落接入斜面培养基,培养备用。

分离蛋白酶菌株时,可直接观察在酪素平板上的菌落周围所形成的透明圈,选取透明圈与菌落直径比值大的菌落接入斜面培养基,培养备用。

3.纯化

将选定的菌株,进行平板分离纯化,所用的培养基与分离培养基同。

4.纯种鉴别

根据革兰氏染色、细胞形态及菌落特征进行。

四、酒曲中酵母菌的分离

(一)目的

学习和掌握酒曲中酵母菌的分离原理及方法。

(二)原理

根据酵母菌在液体培养基中比霉菌生长快和对于酸性环境比细菌适宜的特性,使酵母在酸性的液体培养基中富集培养,然后以合适的培养基进行分离。

(三)材料

1.样品

酒曲。

2.培养基及试剂

麦芽汁培养基、乳酸、无菌水。

3. 仪器及其他用品

显微镜、平皿、涂布器、小刀、吸管。

(四)方法与步骤

1. 富集

用无菌小刀切开曲块，从内部取一小块，加入 10 mL 麦芽汁培养液试管中，同时加入 1 滴乳酸，摇匀后于 25℃培养 24 h。然后取 1 mL 接种于另一支添加乳酸的麦芽汁试管中，再行培养，若出现菌丝体应立即挑出。如此 3～4 次转接培养即可分离。

2. 分离

取酵母富集液 1 mL，以 10 倍稀释至 10^{-7}，然后取 10^{-6} 和 10^{-7} 稀释液各 0.1 mL，分别接入麦芽汁固体平板上，用涂布器依次涂布 2～3 个皿，于 25℃培养 48 h。

3. 选择

对平板上的酵母菌菌落进行描述性记录，同时制片镜检，选择不同类型的酵母菌落分别接种麦芽汁斜面，于 25℃培养 48 h 备用。

4. 液体培养特征记录

将上述各酵母菌株分别接入麦芽汁液体试管中，于 25℃培养 24 h，记录培养特征，镜检并记录细胞形态。

5. 纯化

将选出的菌株用平板分离纯化，培养基应与分离培养基的成分相同。

6. 性能测定

依据不同的目的选择相应的性能测定方法进行。

五、黑曲霉糖化菌株的分离

(一)目的

学习并掌握黑曲霉糖化菌株的分离原理及方法。

(二)原理

曲霉具有固定的菌落形态和典型的孢子头，分生孢子众多、团聚紧密较难分散。制备孢子悬液时添加 0.01%～0.001%的月桂基磺酸钠作分散剂效果良好，如采用玻璃珠打散法也可获得好的分散效果。

黑曲霉糖化菌株的分离先用淀粉琼脂培养基，由于糖化酶的作用，长出的菌落周围的淀粉被水解，遇碘后呈无色透明圈，而平板的其他处呈蓝色。可依据透明圈的大小，筛选出糖化力强的菌株。

(三)材料

1. 样品

黑曲霉种曲。

2. 培养基与试剂

2%淀粉察氏培养基、0.02 mol/L 碘液、无菌水。

3. 器皿

平皿、三角瓶、试管、玻璃珠、涂布器、纱布。

(四)方法与步骤

1. 倒制平板

熔化淀粉察氏培养基,稍冷后倒制平板数个。

2. 制备孢子悬液

取种曲少许于 20 mL 带玻璃珠的无菌水三角瓶中,充分振荡打散孢子团,然后用数层无菌纱布过滤于无菌试管中。

3. 涂布培养

将上述滤液以 10 倍稀释法稀释至 10^{-7},取后 3 个稀释度的稀释液各 0.2 mL 于淀粉察氏培养基平板上用无菌涂布器分别依次涂布 2～3 个皿,于 30℃培养 1～2 d。

4. 筛选

待刚形成菌落而分生孢子尚未生成时,在菌落周围滴加碘液,挑选透明圈大的菌落接于淀粉察氏培养基斜面上,于 30℃培养 5 d。

5. 测定

测定各菌株的糖化酶活力。

六、米曲霉的分离

(一)目的

学习并掌握米曲霉的分离原理与方法。

(二)原理

米曲霉和黄曲霉的菌落特征差别不大,它们的区别仅在于前者小梗多为一层,后者小梗多为两层。由于黄曲霉有的菌株产生黄曲霉毒素而被禁用,酿造工业中多选用米曲霉。选择以酪蛋白或淀粉为主要氮源或碳源的分离培养基,因为酶的水解作用可使菌落周围出现透明圈,所以可根据透明圈的直径与菌落直径之比值初步鉴定酶活力,比值越大者,其酶活力越高。蛋白酶活力强的菌株可用于酱油酿造,糖化酶活力强的菌株多用于黄酒生产。

(三)材料

1. 样品

优质酱油种曲。

2. 培养基

米曲汁培养基、酪素培养基。

3. 器皿

试管、三角瓶、平皿、玻璃珠、纱布等。

(四)方法与步骤

1. 制备孢子悬液

取种曲 1 小块于 20 mL 带玻璃珠的无菌水三角瓶中,充分振荡使其分散均匀。用数层无菌纱布过滤于 1 无菌试管中,稀释至孢子浓度为$(3\sim5)\times10^2$ 个/mL。

2. 涂布培养

熔化酪素琼脂培养基,稍冷后倒平板。取孢子悬液 0.1 mL 于平板上,用无菌涂布器依次涂布 2～3 个皿，于 32℃培养 24～48 h。

3. 筛选

挑选透明圈直径与菌落直径比值大的菌落，将其接种于米曲汁斜面培养基上，于 32℃培养 3 d 至斜面长满孢子。

4. 测定

测定蛋白酶活力。

思考题

1. 为什么溶解样品的瓶内要加入玻璃珠？

2. 说明利用酪素培养基平板分离米曲霉时，透明圈直径与菌落直径比值和菌株蛋白酶活力有何关系？

实验十二　厌氧菌的分离和培养

(一)目的

(1)了解双歧杆菌的生物学特性,观察双歧杆菌的形态特征。

(2)掌握双歧杆菌的分离、培养与计数技术。

(二)原理

厌氧菌是一类只能在低氧分压的条件下生长,而不能在空气(18%氧气)和(或)10%二氧化碳浓度下的固体培养基表面生长的细菌。按其对氧耐受程度的不同,可分为专性厌氧菌、微需氧厌氧菌和兼性厌氧菌。双歧杆菌是一种厌氧的革兰氏阳性杆菌,末端常常分叉。双歧杆菌是母乳喂养婴儿肠道内的优势菌,占母乳喂养婴儿粪便中微生物群落总数的99%。

厌氧工作站是一种专为厌氧菌提供厌氧培养环境的设备,也称厌氧培养箱或厌氧手套箱。其工作原理是采用钯催化剂,将密闭箱体内的氧气与厌氧混合气体中的氢气催化生成水,从而实现箱内厌氧状态。1975年,英国Electrotek制造了全球第一台厌氧工作站,把厌氧培养工作引入到了全程厌氧状态的水平,极大地提升了厌氧培养的质量与厌氧菌研究结果的可靠性。

(三)材料

1. 样品

双歧酸奶(液体)、双歧杆菌制剂(固体)。

2. 培养基

改良MRS培养基、PTYG培养基。

3. 仪器及其他用品

Concept 400 M厌氧工作站、定量加样器、无菌生理盐水、振荡器。

(四)方法与步骤

1. 开机前准备工作

(1)检查并确保工作站左侧的水槽的水位位于low和high之间。

(2)检查并确保气瓶有气,确保钯催化剂已安置于工作站内,调节氮气、无氧混合气两个气瓶的分压,使每个分压阀表的指针位于3、4 bar(1 bar=0.1 MPa)之内。

(3)检查使各管路和线路保持连接,转移匣内、外门保持关闭,端口挡板门保持关闭。

2. 开机

使工作站环境达到所需条件:

(1)开机前的准备工作就绪后,打开电源开关。

(2)设定培养温度为37℃,设备开始升温,设定氢气及湿度报警值。

(3)使用气体混合机,按下START按键,设备进入快速厌氧状态,持续时间约45 min。

3. 培养基转移与预还原

操作步骤:

(1)打开转移匣外门 ,放入称量好的样品、预先配好的培养基和无菌生理盐水。

(2)关上转移匣外门,按下转移匣清洗按钮,启动转移匣清洗过程,使转移匣内部达到无氧环境。

(3)从手套口经过抽真空达到厌氧再将手伸入工作站，转移匣清洗结束后(控制面板上显示转移匣清洗结束)打开转移匣内门，拿出转移的物品，关上转移匣内门。

二维码 12-1　厌氧工作站操作视频 1
来源：MAWORDE Technology Ltd

二维码 12-2　厌氧工作站操作视频 2
来源：MAWORDE Technology Ltd

4. 不同稀释度双歧杆菌样品的制备

在无菌条件下准确称取 1 g 固体或用无菌注射器吸取 1 mL 混合均匀的液体样品，而后加入装有预还原生理盐水的厌氧试管中，用振荡器将其振荡均匀，制成 10^{-1} 稀释液。用无菌注射器吸取 1 mL 10^{-1} 稀释液至另一支装有 9 mL 生理盐水的试管中，制成 10^{-2} 稀释液。按此操作方法依次进行 10 倍系列稀释至 10^{-7}，制成不同浓度的样品稀释液。通常选 10^{-5}，10^{-6}，10^{-7} 3 个稀释度进行培养计数。

5. 倾注平皿和倒置培养

二维码 12-3　厌氧工作站操作视频 3
来源：MAWORDE Technology Ltd

用 1 mL 无菌移液器分别吸取 10^{-5}，10^{-6}，10^{-7} 3 个稀释度的稀释液各 1 mL 置于无菌培养皿，一般需做 3 个重复。

然后倒入熔化的琼脂培养基(约 50℃)，迅速轻轻摇动培养皿使稀释液在培养基中混匀，静置待培养基冷却凝固。每个稀释度重复 3 次，使厌氧工作站保持于 37℃倒置培养。做好箱内清洁，双手退出厌氧工作站。一般培养 24～48 h 后，即可在琼脂层内或表面长出肉眼可见的菌落。

6. 双歧杆菌活菌(分离)计数

选择分散均匀，数量在 30～300 个菌落的平皿进行活菌计数，即可得出每克或每毫升样品中含有的双歧杆菌数量。

7. 计算

双歧杆菌的活菌数量[CFU/g(或 CFU/mL)样品]＝1 mL 平皿计数的平均值×稀释倍数

(五)结果

(1)观察双歧杆菌形态，描述其形态特征。

(2)计算每克或每毫升样品中含有的双歧杆菌数量，记录结果。

思考题

1. 双歧杆菌厌氧分离培养过程中应注意哪些环节？
2. 实验中通过哪些措施和方法保持细菌的厌氧状态？

实验十三　诱变育种的程序及操作

一、紫外线诱变育种——细胞存活率和突变率曲线的绘制

（一）目的

学习紫外线诱变的方法及测定诱变剂最适剂量的方法。

（二）原理

紫外线具有杀菌和诱变双重生物学效应。随着照射时间的增加，杀菌率和突变率随之提高。但照射时间继续增加到一定程度时，其杀菌率也随之增大，而突变率却降低。在实际诱变育种中，常用紫外线照射时间或细胞的死亡率表示相对剂量，其中以细胞死亡率表示的方法具有实际意义。

本试验以枯草芽孢杆菌（*B. subtilis*）腺嘌呤（ade^-）缺陷型菌株为出发菌株，以营养缺陷的回复突变作为诱变效应的指标，测定紫外线诱变剂的最适剂量。以照射时间为横坐标，以细胞存活率或死亡率和突变率作为纵坐标作图，突变率最高值相对应的细胞死亡率即为最适剂量。

（三）材料

1. 菌种

枯草芽孢杆菌（*B. subtilis* ade^-）。

2. 培养基

肉汤培养基、细菌基本培养基。

3. 仪器及其他用品

诱变箱，磁力搅拌器，涂布器，离心管，培养皿等。

（四）方法与步骤

1. 菌体培养

取斜面菌种1环接种于盛有20 mL肉汤培养基的250 mL三角瓶中，于37℃振荡培养16～18 h，取1 mL培养液转接入另一只盛有20 mL肉汤培养基的三角瓶中，于37℃振荡培养6～8 h，使细胞培养处于对数增殖期状态。

2. 菌悬液制备

取10 mL培养液，离心（3 500 r/min，10 min）收集菌体。沉淀用10 mL生理盐水洗涤离心2次。之后将菌体充分悬浮于12 mL生理盐水中。

3. 测定菌悬液浓度

取1 mL细胞悬浮液，逐步稀释为10^{-1}，10^{-2}，10^{-3}……。取最后3个稀释度菌液各1 mL于平皿中，然后倾入15 mL熔化并冷却至45～50℃的肉汤固体培养基，充分地混匀，凝固后置于37℃培养24 h，计数每皿菌落数（每个稀释度做3个平行）。按下式计数每毫升细胞悬浮液菌体浓度。

$$细胞数（个/mL）=菌落数（3个平皿平均值）\times 稀释倍数$$

4.诱变处理

(1)取 10 mL 菌液于培养皿中(带有磁棒),将皿放置于诱变箱的磁力搅拌器上。

(2)开启紫外灯,预热 20 min 后,开启磁力搅拌器,打开皿盖,分别照射 15,30,45,60,75,90 s。

(3)取不同时间诱变处理菌液 1 mL,作适当稀释,测定处理液中存活细胞浓度。将结果填入表 13-1 中。

表 13-1　紫外线对枯草芽孢杆菌存活率的影响

照射时间/s	稀释度	平板菌落数/(个/mL)			细胞浓度平均值/(个/mL)	存活率/%
		1	2	3		
15	1 2 3					
30	1 2 3					
45～90	1 2 3					
对照(处理前)	1 2 3					100

(4)取(3)中同样的稀释菌液 1 mL,置于平皿中,倾入熔化并冷却至 45～50℃的细菌基本培养基 15 mL,充分混匀,凝固后置于 37℃培养 1～2 d,计算每皿菌落数。之后计数每毫升处理液中的回复突变细胞浓度。将结果填入表 13-2 中。

表 13-2　细胞回复突变率

照射时间/s	稀释度	平板菌落数/(个/mL)			回复突变细胞浓度/(个/mL)	回复突变率/%
		1	2	3		
对照(处理前)	1 2 3					
15	1 2 3					
30	1 2 3					
45～90	1 2 3					

5.绘制曲线

绘制细胞存活率和突变率曲线。

二、高产蛋白酶菌株的选育

(一)目的

本实验以沪酿 3042(酱油生产)菌株为出发菌株,通过诱变育种技术,进一步提高该菌株产生蛋白酶的能力。

(二)原理

本实验采用紫外线、硫酸二乙酯(DES)、LiCl 及亚硝基胍(NTG)等理化因子,单独或复合处理沪酿 3042 菌株的分生孢子,选育出一株较出发菌株蛋白酶活力有较大幅度提高的菌株。

(三)材料

1. 菌种

米曲霉(*Asp. oryzae*)沪酿 3042。

2. 培养基

豆芽汁培养基、酪素培养基、三角瓶麸曲培养基。

3. 试剂

硫酸二乙酯(DES),亚硝基胍(NTG),LiCl,pH 6.0 磷酸缓冲液,pH 7.0 磷酸缓冲液,0.01%、0.05% SLS(十二烷基硫酸钠)溶液,25% $Na_2S_2O_3$ 溶液。

(四)方法与步骤

1. 出发菌株的选择

使用生长快、适合固体菌培养、蛋白酶活力较高的沪酿 3042 菌株。经分离纯化转入豆芽汁斜面,培养 5~7 d,待孢子丰满备用。

2. 诱变处理

(1)紫外线(UV)处理

①孢子悬浮液制备。在生长良好的纯种斜面中,加入 5 mL 0.05% SLS 溶液洗下孢子,移入装 10 mL 0.01% SLS 溶液和玻珠的 150 mL 三角瓶中,振荡使孢子充分散开,用脱脂棉过滤至装有 30 mL 0.01% SLS 溶液的三角瓶中。用血细胞计数板计数,调整孢子浓度为 10^6 个/mL。

②诱变处理。取 10 mL 孢子悬浮液于培养皿中(带磁棒),置于诱变箱磁力搅拌器上,具体操作方法同紫外线诱变育种实验。照射时间分别为 4,6,8,10,12,14,16 min。各取 1 mL 处理液,经适当稀释后(每平板 10~12 个菌落为宜),取 0.1 mL 稀释液涂布于酪素平板,于 32℃培养 48 h。

(2)硫酸二乙酯(DES)及 DES 和 LiCl 复合处理

①DES 处理。用 pH 7.0 磷酸缓冲液制备孢子浓度为 10^6 个/mL 的孢子悬浮液,取 32 mL pH 7.0 磷酸缓冲液、8 mL 孢子悬浮液、0.4 mL DES 溶液充分混合(DES 的终浓度为 1%,*V/V*),30℃恒温振荡处理 10,20,30,60 min 后,分别于 1 mL 处理液中加入 0.5 mL 25% $Na_2S_2O_3$ 溶液中止反应。分别取 1 mL 做适当稀释后,各取 0.1 mL 菌液,涂布于酪素培养基平板上,于 32℃培养 48 h。

②DES 和 LiCl 复合处理。将经 DES 处理的孢子悬浮液 0.2 mL 涂布于含有终浓度为 0.5% LiCl 的酪素培养基平板上,于 32℃培养 48 h。

(3)亚硝基胍(NTG)处理

①孢子悬浮液制备。使用经上述诱变剂处理选择的、蛋白酶活力有显著提高的优良菌株。以 pH 6.0 磷酸缓冲液制备孢子浓度为 10^6 个/mL 的孢子悬浮液(具体方法同上)。

②诱变处理。精确称取 4 mL NTG，加入 2～3 滴胺甲醇溶液，于水浴中充分溶解后，加入 4 mL 孢子悬浮液(使 NTG 终浓度为 1 mg/mL)，充分混匀后，于恒温水浴中振荡处理 30，60，90 min。立即分别取 1 mL 处理液作大量稀释以终止 NTG 的诱变作用。取最后稀释度的菌液 0.1 mL，涂布于酪素培养基平板，于 32℃培养 48 h。

3. 筛选方法

(1)初筛(透明圈法)　以酪素平板上菌落周围呈现的酪素水解的透明圈直径与菌落直径之比值作为初筛的指标，即初步判断突变株产生蛋白酶活力的高低，其操作方法如下：

准确吸取 10 mL 琼脂培养基于平皿中，摇匀待凝固(一定要水平)。在其上精确地注入 15 mL 酪素培养基，摇匀凝固后备用。准确吸取 0.1 mL 上述处理液于平板上，用涂布器涂布均匀，于 32℃培养 48 h。测定菌落周围呈现的酪素水解的透明圈和菌落直径，并计算比值。将比值大的菌落挑入斜面，于 32℃培养 4～5 d，待长好后于冰箱中保存，作为复筛菌株。每一诱变因素挑选 200 个菌落。

(2)复筛(三角瓶麸曲培养)　将初筛获得的菌株斜面 1 环，接种于三角瓶麸曲培养基中，摇匀，于 32℃培养至 12～13 h，麸曲表面呈现少量白色菌丝时，进行第一次摇瓶(即摇动瓶子，使物料松散，以便排出曲料中的 CO_2 和降温，有利于菌丝生长)，继续培养至 18 h，进行第二次摇瓶，之后继续培养至 30 h 止。用改良的 Anson's 法测定麸曲中的中性、碱性、酸性蛋白酶含量。每一诱变因子初筛得到的菌株，经复筛后选择 5 株优良菌株，作为另一诱变因子处理时的出发菌株。

思考题

诱变育种的程序是什么？操作过程中需要注意哪些问题？

实验十四　微生物菌种的保藏方法

(一)目的

(1)了解菌种保藏的基本原理。

(2)掌握几种常用的菌种保藏方法。

(二)原理

菌种保藏的方法很多,其原理不外乎为优良菌株创造一个适合长期休眠的环境,即干燥、低温、缺乏氧气和养料等。使微生物的代谢活动处于最低的状态,但又不至于死亡,从而达到保藏的目的。

二维码 14-1
各种菌种保藏方法的基本原理、适宜对象及保藏时间

依据不同的菌种或不同的需求,应该选用不同的保藏方法。斜面保藏、半固体穿刺保藏、液体石蜡保藏、沙土管保藏和冷冻干燥保藏等是较为常用的保藏方法。

(三)材料

1. 菌种

待保藏的适龄菌种斜面。

2. 培养基

牛肉膏蛋白胨斜面及半固体培养基(培养细菌),高氏 1 号斜面培养基(培养放线菌),马铃薯蔗糖斜面培养基(培养霉菌),麦芽汁斜面培养基(培养酵母菌)。

3. 试剂

无菌水、液体石蜡、10% HCl、2% HCl、无水 $CaCl_2$ 或 P_2O_5、河沙、黄土、脱脂奶粉。

4. 仪器及其他用品

无菌小试管(10 mm×100 mm)、无菌吸管(1 mL 和 5 mL)、筛子(40 目、120 目)、接种针、接种环、牛角匙、安瓿管、长滴管、标签、棉花、干冰、冰箱、灭菌锅、真空泵、干燥器、离心机、冷冻真空装置、高频电火花器等。

(四)方法与步骤

1. 斜面保藏

(1)标记试管　取无菌的斜面试管数支,在斜面的正上方距离试管口 2～3 cm 处贴上标签。在标签上写明菌种名称、培养基名称和接种日期。

(2)接种　将待保藏的菌种用接种环以无菌操作在斜面上作划线接种。

(3)培养　细菌置于 37℃恒温箱中培养 1～2 d,酵母菌置于 25～28℃培养 2～3 d,放线菌和霉菌置于 28℃培养 3～7 d。

(4)保藏　斜面长好后,直接放入 4℃冰箱中保藏。

2. 半固体穿刺保藏

(1)标记试管　取无菌的半固体培养基等直立柱试管数支,贴上标签,注明菌种名称、培养基名称和接种日期。

(2)穿刺接种　用接种针以无菌方式从待保藏的菌种斜面上挑取菌种,朝直立柱中央直刺至试管底部,然后又沿原线拉出。

(3)培养　同1.中(3)。

(4)保藏　半固体直立柱长好以后，放入4℃冰箱中保藏。

3.液体石蜡保藏

(1)标记试管　同1.中(1)。

(2)接种　同1.中(2)。

(3)培养　同1.中(3)。

(4)加液体石蜡　无菌操作将5 mL无菌液体石蜡加入到培养好的菌苔上面，加入的量以超过斜面或直立柱1 cm高为宜。

(5)保藏　液体石蜡封存以后，同样放入4℃冰箱中保存。也可直接放在低温干燥处保藏。

4.沙土管保藏

(1)制作沙土管　选取过40目筛的河沙，10% HCl浸泡3～4 h，再水洗至中性，烘干备用；另取过120目筛子的黄土备用；按1份土加4份沙的比例均匀混合后，装入小试管，装量高度1 cm左右，塞上棉塞，并标记试管。

(2)灭菌　高压蒸汽灭菌，直至检测无菌为止。

(3)制备菌悬液　取3 mL无菌水至待保藏的菌种斜面中，用接种环轻轻刮下菌苔，振荡制成菌悬液。

(4)加样　用1 mL吸管吸取上述菌悬液0.1 mL至沙土管，再用接种环拌匀。

(5)干燥　把装好菌液的沙土管放入以无水$CaCl_2$或P_2O_5为干燥剂的干燥器，用真空泵连续抽气，使之干燥。

(6)保藏　沙土管置于干燥器中室温或4℃冰箱中保藏；也可以用石蜡封住棉塞后置冰箱中保藏。

5.冷冻干燥保藏

(1)流程　准备安瓿管→制备脱脂牛奶→制菌悬液→分装→预冻→真空干燥→封管→保藏→活化。

(2)步骤

①准备安瓿管：安瓿管先用2%HCl浸泡，再水洗多次，烘干。将标签放入安瓿管内，管口塞上棉花，灭菌备用。

②制备脱脂牛奶：将脱脂奶粉兑成20%的脱脂牛奶，灭菌，并做无菌试验后备用。

③制菌悬液：将无菌脱脂牛奶直接加到待保藏的菌种斜面内，用接种环将菌种刮下，轻轻搅拌使其均匀地悬浮在牛奶内成悬浮液。

④分装：用无菌长滴管将悬浮液分装入安瓿管底部，每支安瓿管的装量约为0.9 mL(一般装入量为安瓿管球部体积的1/3)。

⑤预冻：将分装好的安瓿管在－25～－40℃的干冰酒精中进行预冻1 h或在冰箱冷冻室进行预冻。

⑥真空干燥：预冻以后，将安瓿管放入真空器中，开动真空泵进行干燥。

⑦封管：封管前将安瓿管装入歧管，真空度抽至1.333 Pa后再用火焰熔封，封好后，用高频火花器检查各安瓿管的真空情况。如果管内呈现灰蓝色光，证明保持着真空。检查时高频电火花器应射向安瓿管的上半部。

⑧保藏:安瓿管放置在低温避光处保藏。

⑨活化:如果要从中取出菌种恢复培养,可先用75%酒精将管的外壁消毒,然后将安瓿管上部在火焰上烧热,再滴几滴无菌水,使管子破裂。最后用接种针直接挑取松散的干燥样品,在斜面接种。

(五)结果

(1)列表记录本实验中几种菌种保藏方法的操作要点和适合保藏的微生物种类。

(2)试分析各种微生物菌种保藏方法的优缺点。

思考题

1. 简述冷冻干燥保藏菌种的原理。
2. 经常使用的细菌菌种使用哪种保藏方法比较好?
3. 菌种保藏到期后,如何对相应菌种进行恢复培养?

第二章

食品微生物学检验实验

学习《食品微生物学实验技术》的任务之一是学会检测有害微生物的方法，从而确保食品安全。食品安全是影响全球的公共卫生问题，不仅关系到人类的健康生存，而且还严重影响经济和社会的发展。习近平总书记强调，民以食为天，加强食品安全工作，关系我国人民的身体健康和生命安全，必须抓得紧而又紧。食品中的危害因素复杂多样，包括来自微生物的污染。加强食品安全监管是中国共产党的二十大报告提出的提高公共安全治理水平的一个重要方面。

思政二维码
习近平对食品安全
工作作出重要指示

实验十五　食品中菌落总数的测定

(一)目的

(1)学习并掌握微生物活菌计数的原理和方法。

(2)了解菌落总数测定在食品卫生学评价中的意义。

(二)原理

食品中菌落总数是指食品检样经过处理,在一定条件下(如培养基成分、培养温度和培养时间、pH、需氧性质等)培养后,所得1 mL(或1 g)检样中形成微生物菌落的总数。在规定的培养条件下所得的结果,通常只包括一群在平板计数的琼脂培养基上能生长发育的嗜中温、需氧菌或兼性厌氧菌的菌落总数。

菌落总数测定通常是用来判定食品被微生物污染的程度及卫生质量,测定结果反映食品生产过程是否符合卫生要求,以便对被检样品做出适当的卫生学评价。菌落总数的多少在一定程度上标志着食品卫生质量的优劣。

稀释后菌样中的微生物单细胞分散在琼脂平板上(内),培养后每个活细胞可形成一个单菌落,即菌落形成单位(colony forming units,CFU)。根据每皿形成的CFU数乘以稀释度,就可以推算出菌样的含菌数。

菌落总数不能区分细菌的种类,也不是所有的细菌都能在一种培养条件下生长,所以并不表示检测菌样中的所有细菌总数,故有时被称为杂菌数,需氧菌数等。

(三)材料

1. 样品

食品检样。

2. 培养基

营养琼脂培养基,磷酸盐缓冲液,无菌生理盐水。

3. 仪器及其他用品

恒温培养箱:(36±1)℃和(30±1)℃,冰箱:2～5℃,恒温水浴箱:(46±1)℃,天平:感量为0.1 g,均质器,振荡器,无菌吸管:1 mL(具0.01 mL刻度),10 mL(具0.1 mL刻度)或微量移液器及吸头,无菌锥形瓶:容量250,500 mL,无菌培养皿:直径90 mm,pH计或pH比色管或精密pH试纸,放大镜或菌落计数器。

(四)流程

菌落总数的检验程序如图15-1所示。

(五)方法与步骤

1. 取样、稀释和培养

(1)固体和半固体样品　称取25 g样品,放入盛有225 mL磷酸盐缓冲液或生理盐水的无菌均质器内,8 000～10 000 r/min均质1～2 min,或放入盛有225 mL稀释液的无菌均质袋中,用拍击式均质器拍打1～2 min,制成1∶10的样品匀液。

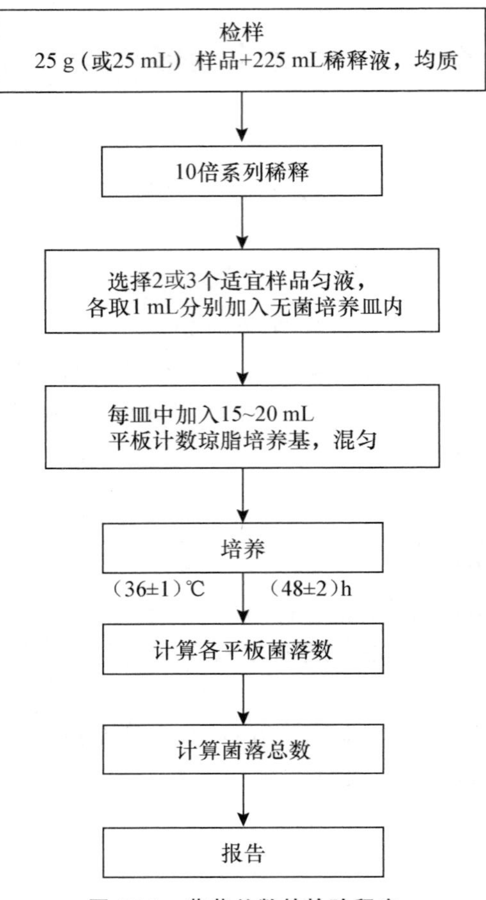

图 15-1　菌落总数的检验程序

(2)液体样品　以无菌吸管吸取 25 mL 样品置盛有 225 mL 磷酸盐缓冲液或生理盐水的无菌锥形瓶(瓶内预置适量的无菌玻璃珠)中,充分混匀,制成 1∶10 的样品匀液。

(3)用 1 mL 无菌吸管或微量移液器吸取 1∶10 的样品匀液 1 mL,沿管壁徐徐注入盛有 9 mL 稀释液的无菌试管中(注意吸管或吸头尖端不要触及稀释液面),振摇试管或换用 1 支无菌吸管反复吹打使其混合均匀,制成 1∶100 的样品匀液。

(4)另取 1 mL 无菌吸管,按上述操作顺序,制备 10 倍系列稀释样品匀液。每递增稀释 1 次,即换用 1 支 1 mL 无菌吸管或吸头。

(5)根据对样品污染状况的估计,选择 2～3 个适宜稀释度的样品匀液(液体样品可包括原液),每个稀释度分别吸取 1 mL 样品匀液加入 2 个无菌平皿内。同时分别取 1 mL 稀释液(不含样品)加入 2 个无菌平皿作空白对照。

(6)及时用 15～20 mL 冷却至 46℃或在(46±1)℃恒温水浴箱中保温的平板计数琼脂培养基倾注平皿,并转动平皿使其混合均匀。

2. 培养

(1)琼脂凝固后,将平板翻转,于(36±1)℃培养(48±2) h。水产品于(30±1)℃培养(72±3) h。

(2)如果样品中可能含有在琼脂培养基表面弥漫生长的菌落时,可在凝固后的琼脂表面覆盖一薄层琼脂培养基(约 4 mL),凝固后翻转平板,按(1)的条件进行培养。

3. 菌落计数

可用肉眼观察,必要时用放大镜或菌落计数器,记录稀释倍数和相应的菌落数量。菌落计数以菌落形成单位(CFU)表示。

(1)选取菌落数在 30～300 CFU、无蔓延菌落生长的平板计数菌落总数。低于 30 CFU 的平板记录具体菌落数,大于 300 CFU 的可记录为多不可计。每个稀释度的菌落数应采用两个平板的平均数。

(2)其中一个平板有较大片状菌落生长时,则不宜采用,而应以无片状菌落生长的平板作为该稀释度的菌落数;若片状菌落不到平板的一半,而其余一半中菌落分布又很均匀,即可计算半个平板后乘以 2,代表一个平板菌落数。

(3)当平板上出现菌落间无明显界限的链状生长时,则将每条单链作为一个菌落计数。

(六)结果

1. 菌落总数的计算方法

(1)若只有 1 个稀释度平板上的菌落数在适宜计数范围内,计算 2 个平板菌落数的平均值,再将平均值乘以相应稀释倍数,作为每克(毫升)中菌落总数结果。

(2)若有 2 个连续稀释度的平板菌落数在适宜计数范围内时,按下式计算:

$$N=\frac{\sum C}{(n_1+0.1n_2)d}$$

式中:N 为样品中菌落数;$\sum C$ 为平板(含适宜范围菌落数的平板)菌落数之和;n_1 为第一个适宜稀释度(低稀释倍数)平板个数;n_2 为第二个适宜稀释度(高稀释倍数)平板个数;d 为稀释因子(第一稀释度)。

示例:

稀释度	1∶100(第一稀释度)	1∶1 000(第二稀释度)
菌落数	232　　244	33　　35

$$N=\frac{\sum C}{(n_1+0.1n_2)d}$$

$$=\frac{232+244+33+35}{[2+(0.1\times 2)]\times 10^{-2}}=\frac{544}{0.022}=24\ 727$$

上述数据经“四舍五入”后,表示为 25 000 或 2.5×10^4。

(3)若所有稀释度的平板上菌落数均大于 300,则对稀释度最高的平板进行计数,其他平板可记录为多不可计,结果按平均菌落数乘以最高稀释倍数计算。

(4)若所有稀释度的平板菌落数均小于 30,则应按稀释度最低的平均菌落数乘以稀释倍数计算。

(5)若所有稀释度(包括液体样品原液)平板均无菌落生长,则以小于 1 乘以最低稀释倍数计算。

(6)若所有稀释度的平板菌落数均不在30～300,其中一部分小于30或大于300时,则以最接近30或300的平均菌落数乘以稀释倍数计算。

2. 菌落总数的报告

(1)菌落数在100以内时,按"四舍五入"原则修约,以整数报告。

(2)菌落数大于或等于100时,第三位数字采用"四舍五入"原则修约后,取前两位数字后面用0代替位数;也可用10的指数形式来表示,按"四舍五入"原则修约后,采用两位有效数字。

(3)若所有平板上为蔓延菌落而无法计数,则报告菌落蔓延。

(4)若空白对照上有菌落生长,则此次检验结果无效。

(5)称重取样以CFU/g为单位报告,体积取样以CFU/mL为单位报告。

(七)结论

(1)将实验测出的样品数据以报表方式报告结果。

(2)对样品菌落总数作出是否符合食品卫生要求的结论。

思考题

1. 食品检验为什么要测定细菌菌落总数?
2. 影响细菌菌落总数准确性的因素有哪些?
3. 食品中检出的菌落总数是否代表该食品上的所有细菌数?为什么?
4. 为什么营养琼脂培养基在使用前要保持(46±1)℃的温度?

二维码 15-1
样品的梯度稀释
及平板菌落计数

实验十六 大肠菌群计数

(一)目的

(1)了解大肠菌群在食品卫生检验中的意义。

(2)学习并掌握食品中大肠菌群的 MPN(最可能数)计数法。

(二)原理

大肠菌群是一群在 36℃条件下培养 48 h 能发酵乳糖、产酸产气的需氧和兼性厌氧革兰氏阴性无芽孢杆菌。该菌群主要来源于人、畜粪便,作为粪便污染指标评价食品的卫生状况,推断食品中肠道致病菌污染的可能性。

大肠菌群 MPN 计数法的原理就是根据大肠菌群的定义,即利用它们能发酵乳糖产酸产气的特性,依据证实为大肠菌群阳性管数,查 MPN 检索表,报告每毫升(克)大肠菌群 MPN。食品中大肠菌群数系以每 1 mL(g)检样内大肠菌群最可能数(the most probable number, MPN)表示。MPN 是对样品中活菌密度的估计。而采用的培养基月桂基硫酸盐胰蛋白胨(LST)肉汤中,胰蛋白胨提供碳源和氮源满足细菌生长的需求,氯化钠可维持均衡的渗透压,乳糖是大肠菌群可发酵性的糖类,磷酸二氢钾和磷酸氢二钾是缓冲剂,月桂基硫酸钠可抑制非大肠菌群细菌的生长。

(三)材料

1. 样品

乳、肉、禽蛋制品、饮料、糕点、发酵调味品或其他食品。

2. 菌种

大肠埃希氏菌(*Escherichia coli*)、产气肠杆菌(*Enterobacter aerogenes*)。

3. 培养基及试剂

月桂基硫酸盐胰蛋白胨(LST)肉汤、煌绿乳糖胆盐(BGLB)肉汤、结晶紫中性红胆盐琼脂(VRBA)、磷酸盐缓冲液、无菌生理盐水。

4. 仪器及其他用品

恒温箱、恒温水浴锅、药物天平、pH 计或精密 pH 试纸、培养皿、载玻片等。

(四)流程

大肠菌群 MPN 计数法检验流程如图 16-1 所示。

(五)方法与步骤

1. 样品的稀释

(1)固体和半固体样品 称取 25 g 样品,放入盛有 225 mL 磷酸盐缓冲液或生理盐水的无菌均质杯内,8 000～10 000 r/min 均质 1～2 min,或放入盛有 225 mL 磷酸盐缓冲液或生理盐水的无菌均质袋中,用拍击式均质器拍打 1～2 min,制成 1∶10 的样品匀液。

(2)液体样品 以无菌吸管吸取 25 mL 样品,置于盛有 225 mL 磷酸盐缓冲液或生理盐水的无菌锥形瓶(瓶内预置适当数量的无菌玻璃珠)中,充分混匀,制成 1∶10 的样品匀液。

(3)样品匀液的 pH 应为 6.5～7.5,必要时分别用 1 mol/L NaOH 或 1 mol/L HCl 调节。

(4)用 1 mL 无菌吸管或微量移液器吸取 1∶10 样品匀液 1 mL,沿管壁缓缓注入 9 mL 磷酸盐缓冲液或生理盐水的无菌试管中(注意吸管或吸头尖端不要触及稀释液面),振摇试管或换用 1 支 1 mL 无菌吸管反复吹打,使其混合均匀,制成 1∶100 的样品匀液。

(5)根据对样品污染状况的估计,按上述操作,依次制成 10 倍递增系列稀释样品匀液。每递增稀释 1 次,换用 1 支 1 mL 无菌吸管或吸头。从制备样品匀液至样品接种完毕,全过程不得超过 15 min。

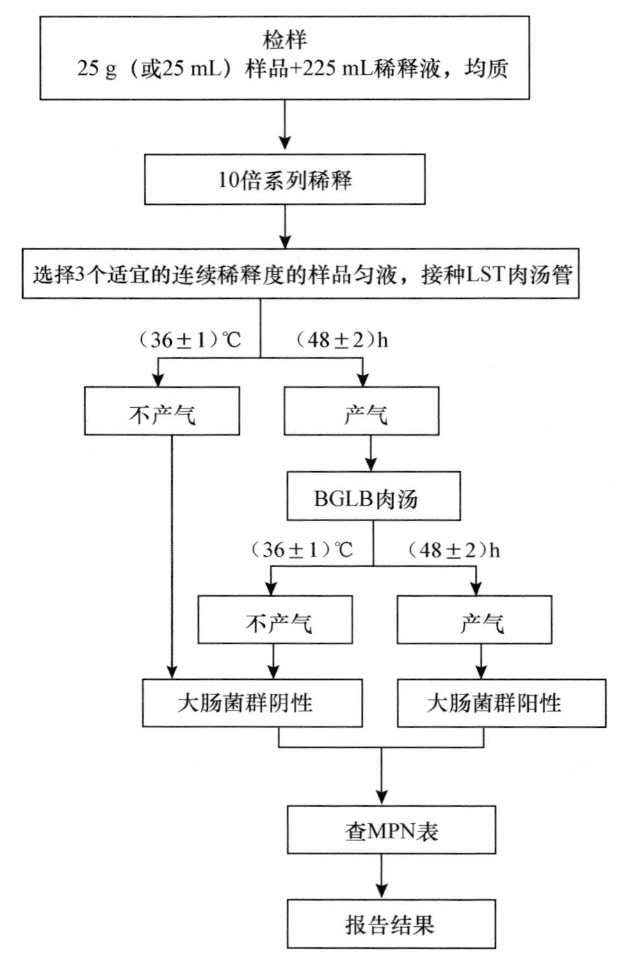

图 16-1　大肠菌群 MPN 计数法检验流程

2. 初发酵试验

每个样品选择 3 个适宜的连续稀释度的样品匀液(液体样品可以选择原液),每个稀释度接种 3 管月桂基硫酸盐胰蛋白胨(LST)肉汤,于每管接种 1 mL(如接种量超过 1 mL,则用双料 LST 肉汤),于(36±1)℃培养(24±2)h,观察管内是否有气泡产生,如未产气则继续培养至(48±2)h。记录在 24 h 和 48 h 内产气的 LST 肉汤管数。未产气者为大肠菌群阴性,产气者则进行复发酵试验。

3. 复发酵试验

用接种环从所有(48±2)h 内发酵产气的 LST 肉汤管中分别取培养物 1 环,移种于煌绿乳糖胆盐(BGLB)肉汤管中，于(36±1)℃培养(48±2)h，观察产气情况。产气者，计为大肠菌群阳性管。

(六)结果

根据大肠菌群阳性管数，检索 MPN 表(见附录)，报告每克(或每毫升)样品中大肠菌群的 MPN 值。

思考题

1. 大肠菌群检验中为什么首先要用月桂基硫酸盐蛋白胨肉汤发酵管?
2. 做空白对照实验的目的是什么?
3. 为什么大肠菌群的检验要经过复发酵才能证实?
4. 复发酵时为什么使用煌绿乳糖胆盐发酵管?

实验十七　肉毒梭菌及肉毒毒素的检验

(一)目的

(1)了解肉毒梭菌的生长特性和产毒条件。

(2)掌握肉毒梭菌及其毒素检验原理和方法。

(二)原理

肉毒梭菌广泛存在于自然界,引起肉毒梭菌中毒的食品有腊肠、火腿、鱼及鱼制品和罐头食品等。在美国以罐头发生中毒较多,日本以鱼制品发生中毒较多,在我国主要以发酵食品发生中毒为主,如臭豆腐、豆瓣酱、面酱、豆豉等。检验食品,特别是不经加热处理而直接食用的食品中有无肉毒毒素或肉毒梭菌(例如罐头等密封性保存的食品)至关重要。

肉毒梭菌为专性厌氧的革兰氏阳性杆菌,芽孢卵圆形、近端位,在庖肉培养基中生长时,浑浊、产气、发臭,能消化肉渣。

肉毒梭菌按其所产毒素的抗原特异性分为 A,B,C,D,E,F,G 7 个型。除 G 型菌之外,其他各型菌分布相当广泛。我国各地发生的肉毒中毒主要是 A 型和 B 型菌。C 型和 E 型菌也发现过。至于 D 型和 F 型菌,我国尚未见到由此而发生的肉毒中毒事件。

肉毒梭菌检验目标主要是毒素,不论是食品中的肉毒毒素检验还是肉毒梭菌检验,均以毒素的检测及定型试验为判定的主要依据。

(三)材料

1. 样品

罐头食品,豆类、谷类等发酵食品。

2. 菌种

肉毒梭菌(*Clostridium botulinum*)、某种梭状芽孢杆菌(*Clostridium* sp.)。

3. 培养基与试剂

庖肉培养基,卵黄琼脂培养基,明胶磷酸盐缓冲液,肉毒分型抗毒素诊断血清,胰酶(活力 1∶250),革兰氏染色液。

4. 仪器及其他用品

离心机和离心管、均质器、恒温箱、显微镜、厌氧培养装置(常温催化除氧式或碱性焦性没食子酸除氧式)、吸管、注射器、接种针、载玻片、小白鼠等。

(四)流程

肉毒梭菌及肉毒毒素检验程序如图 17-1 所示。

(五)方法与步骤

1. 样品处理

液体样品直接接种,固体或半固体样品加入等量明胶磷酸盐缓冲液研碎后接种。

2.培养增菌

取庖肉培养基5支,分别标记1～5号,煮沸10～15 min后,做如下处理。

1号:急速冷却,接种检样均质液1～2 mL。

2号:冷却至60℃,接种检样均质液1～2 mL,继续于60℃保温10 min,急速冷却。

3号:接种检样均质液1～2 mL,继续煮沸加热10 min,急速冷却。

4号:急速冷却,接种肉毒梭菌菌种。

5号:急速冷却,作为空白对照。

以上5支试管于30℃厌氧培养5 d,若无生长,再培养10 d,到期无生长,即可报告“未发现肉毒梭菌”。若有生长,取培养物进行离心(300 r/min,15 min),上清液做毒素检测,沉淀用于分离培养。

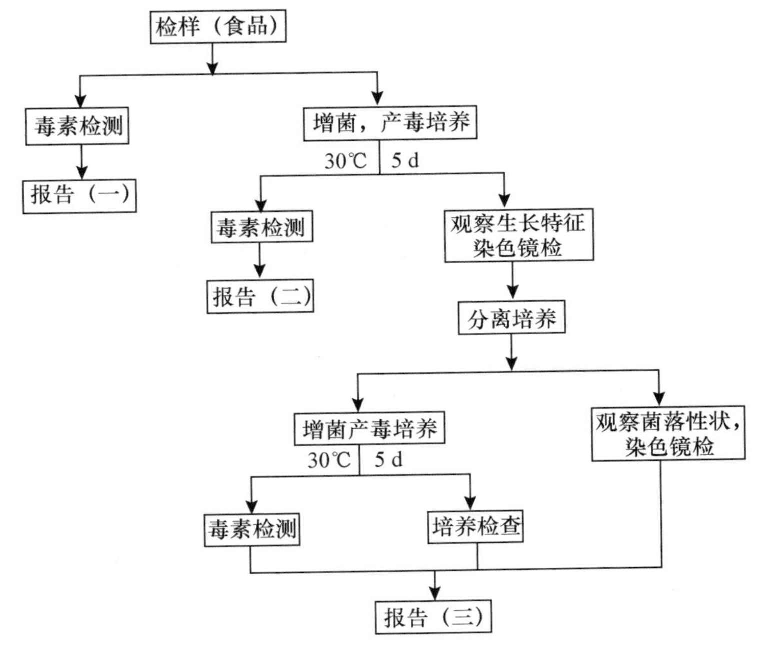

图17-1　肉毒梭菌及肉毒毒素检验程序

3.毒素检测

(1)制备注射液　用上述培养物的上清液制备5组注射液。

①号:上清液不做任何处理。

②号:胰酶激活处理液,即上清液9 mL加1%胰酶(活力1∶250)水溶液1 mL,于37℃保温60 min,不时搅动。

③号:胰酶激活处理液1 mL,加入1 mL多型混合肉毒抗毒素诊断血清,混匀后37℃保温,作用30 min。

④号:胰酶激活处理液1 mL,加入1 mL明胶磷酸盐缓冲液,混匀后煮沸10 min。

⑤号:胰酶激活处理液1 mL,加入1 mL明胶磷酸盐缓冲液,混匀即可。

(2)腹腔注射　每组2只小白鼠(体质量20 g)分别注射上述①～⑤号注射液,每只腹腔注射0.5 mL。另以2只小白鼠作为对照,每只腹腔注射经灭菌的明胶磷酸盐缓冲液0.5 mL。

对各组小白鼠以相同条件精心饲养，观察 4 d。

(3)检出试验　注射液中若有毒素存在，小白鼠一般多于 24 h 之内发病死亡。主要症状为竖毛、四肢瘫软、呼吸困难、呼吸呈风箱式、腰部凹陷、宛若蜂腰，最终死于呼吸麻痹。

肉毒毒素是一种蛋白质，分为有活性和无活性两种状态，无活性的肉毒毒素可被胰酶激活而具毒性。因此，①组动物存活，而②组死亡，仍能说明上清液中可能含有肉毒毒素。

(4)证实试验　③组、⑤组为毒素检测的确证试验。若③组、④组动物均获得保护性存活，仅⑤组小白鼠以特有症状死亡则可以判定培养液中有肉毒毒素存在。必要时应进行毒素定型试验，并测定检样中肉毒毒素的毒力。

4. 分离培养

(1)分离培养　选取经毒素检测试验证实含有肉毒毒素的前述增菌培养物的沉淀物，加无菌生理盐水稀释至原体积(必要时可选适宜的加热处理方式重复 1 次)，取菌液划线接种卵黄琼脂平板，于 35℃厌氧培养 48 h。肉毒梭菌在卵黄琼脂平板上生长时，菌落及其周围培养基表面覆盖着特有的虹彩样(或珍珠层样)薄层，但 G 型菌无此现象。

(2)产毒培养　根据菌落形态及染色镜检菌体形态，挑取可疑菌落接种于庖肉培养基，于 30℃培养 5 d，进行培养特征检查确证试验。

(3)培养检查　取庖肉培养液接种卵黄琼脂平板 2 块，分别在需氧和厌氧条件下，于 35℃培养 48 h，观察生长情况及菌落形状。肉毒梭菌只有在厌氧情况下才能在卵黄琼脂平板上生长并形成具有上述特性的菌落，而在需氧条件下则不生长。

(六)结果

详细记录试验过程和现象，按记录结果报告样品检验结论。

思考题

1. 肉毒梭菌有无芽孢？是需氧菌还是厌氧菌？
2. 肉毒梭菌引起的食物中毒是感染型还是毒素型？两者有何区别？

实验十八　沙门氏菌属的检验

(一)目的

(1)了解沙门氏菌属生化反应检测原理。

(2)掌握沙门氏菌属血清因子使用方法。

(3)掌握沙门氏菌属的系统检验方法。

(二)原理

沙门氏菌属是一大群寄生于人类和动物肠道、生化反应和抗原构造相似的革兰氏阴性杆菌。其种类繁多,少数能使人致病,其他可使动物致病,偶尔可传染给人。主要引起人类伤寒、副伤寒以及食物中毒或败血症。在世界各地的食物中毒中,沙门氏菌食物中毒常占首位或第二位。

食品中沙门氏菌的检验包括5个基本步骤:前增菌,选择性增菌,选择性平板分离沙门氏菌,生化试验、鉴定到属和血清学分型鉴定。目前,检验食品中的沙门氏菌是按统计学取样方案为基础,25 g食品为标准分析单位。本实验以蛋品等为检测样品,以已知的沙门氏菌和大肠埃希氏菌为对照。

(三)材料

1. 菌种

沙门氏菌(*Salmonella* sp.)、大肠埃希氏菌(*Escherichia coli*)。

2. 检样

冻肉、蛋品、乳品等。

3. 培养基

蛋白胨水(BPW)、四硫酸钠煌绿(TTB)增菌液、亚硒酸盐胱氨酸(SC)增菌液、亚硫酸铋琼脂(BS)、HE(hektoen enteric)琼脂、木糖赖氨酸脱氧胆盐(XLD)琼脂、科玛嘉显色培养基、三糖铁琼脂(TSI)、蛋白胨水培养基、尿素琼脂、氰化钾(KCN)培养基、赖氨酸脱羧酶试验培养基、糖发酵管、邻硝基酚 β-D-半乳糖苷(ONPG)培养基、半固体琼脂、丙二酸钠培养基。

4. 试剂

靛基质试剂、沙门氏菌O和H诊断血清、API20E生化鉴定试剂盒或VITEKGNI生化鉴定卡。

5. 仪器及其他用品

天平(称取检样用)、均质器或乳钵、显微镜、广口瓶、三角烧瓶、吸管、平皿、金属匙或玻璃棒、接种棒、试管架。

(四)流程

沙门氏菌属的检验流程如图18-1所示。

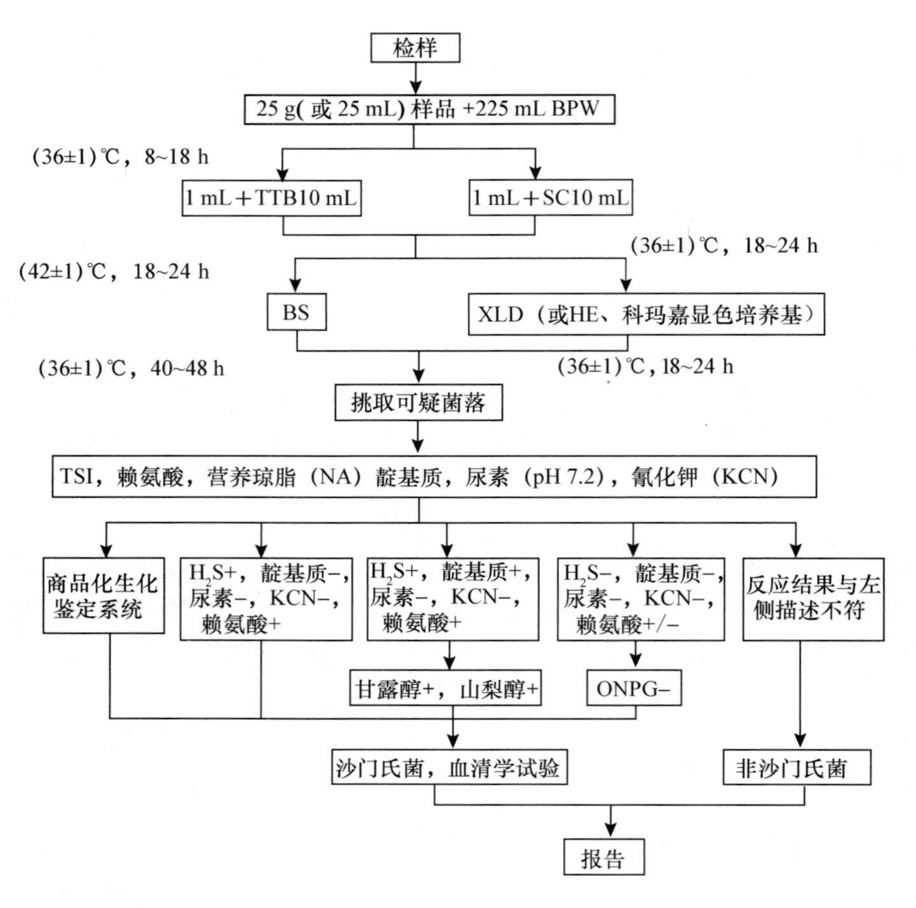

图 18-1　沙门氏菌属的检验流程

(五)方法与步骤

1. 前增菌

沙门氏菌在食品加工过程中，常常因受到损伤而处于濒死状态。因此经过加工的食品检验沙门氏菌时应进行前增菌，即用不加任何抑菌剂的缓冲蛋白胨水(BPW)进行增菌，使濒死状态的沙门氏菌恢复活力。

蛋制品、乳制品和冻肉等食品应进行前增菌。冷冻产品，还应在 45℃以下不超过 15 min，或 2～5℃不超过 18 h 解冻。

称取 25 g(或 25 mL)样品放入盛有 225 mL BPW 的无菌均质杯中，以 8 000～10 000 r/min 均质 1～2 min，或置于盛有 225 mL BPW 的无菌均质袋中，用拍击式均质器拍打 1～2 min。若样品为液态，不需要均质，振荡混匀即可。如需要测定 pH，用 1 mol/L 无菌氢氧化钠或盐酸调 pH 至(6.8±0.2)。无菌操作将样品转至 500 mL 锥形瓶中，如使用均质袋，可直接进行培养，于(36±1)℃培养 8～18 h。

2. 增菌

轻轻摇动培养过的样品混合物，移取 1 mL，转种于 10 mL TTB 内，于(42±1)℃培养 18～24 h。同时，另取 1 mL，转种于 10 mL SC 内，于(36±1)℃培养(18～24) h。

3. 分离

分别用接种环取增菌液 1 环，划线接种于 1 个 BS 琼脂平板和 1 个 XLD 琼脂平板(或 HE 琼脂平板或科玛嘉显色培养基平板)。于(36±1)℃分别培养 18～24 h(XLD 琼脂平板、HE 琼脂平板、科玛嘉显色培养基平板)或 40～48 h(BS 琼脂平板)，观察各个平板上生长的菌落，各个平板上的菌落特征见表 18-1。

表 18-1　沙门氏菌属在不同选择性琼脂平板上的菌落特征

选择性琼脂平板	沙门氏菌
BS 琼脂	菌落为黑色有金属光泽、棕褐色或灰色，菌落周围培养基可呈黑色或棕色；有些菌株形成灰绿色的菌落，周围培养基不变
HE 琼脂	蓝绿色或蓝色，多数菌落中心黑色或几乎全黑色；有些菌株为黄色，中心黑色或几乎全黑色
XLD 琼脂	菌落呈粉红色，带或不带黑色中心，有些菌株可呈现大的带光泽的黑色中心，或呈现全部黑色的菌落；有些菌株为黄色菌落，带或不带黑色中心
科玛嘉显色培养基	菌落为紫红色

4. 生化试验

(1)三糖铁琼脂和赖氨酸脱羧酶试验　自选择性琼脂平板上分别挑取 2 个以上典型或可疑菌落，接种三糖铁琼脂，先在斜面划线，再于底层穿刺；接种针不要灭菌，直接接种赖氨酸脱羧酶试验培养基和营养琼脂平板，于(36±1)℃培养 18～24 h，必要时可延长至 48 h。在三糖铁琼脂和赖氨酸脱羧酶试验培养基内，沙门氏菌属的反应结果见表 18-2。

表 18-2　沙门氏菌属在三糖铁琼脂和赖氨酸脱羧酶试验培养基内的反应结果

三糖铁琼脂				赖氨酸脱羧酶试验培养基	初步判断
斜面	底层	产气	硫化氢		
－	＋	＋(－)	＋(－)	＋	可疑沙门氏菌属
－	＋	＋(－)	＋(－)	－	可疑沙门氏菌属
＋	＋	＋(－)	＋(－)	＋	可疑沙门氏菌属
＋	＋	＋/－	＋/－	－	非沙门氏菌

注："＋"表示阳性；"－"表示阴性；"＋(－)"表示多数阳性，少数阴性；"＋/－"表示阳性或阴性。

在三糖铁琼脂内斜面产酸，底层产酸，同时赖氨酸脱羧酶试验阴性的菌株可以排除。其他的反应结果均有沙门氏菌属的可能，同时也均有不是沙门氏菌属的可能。

(2)系列生化反应试验　接种三糖铁琼脂和赖氨酸脱羧酶试验培养基的同时，可直接接种蛋白胨水(供做靛基质试验)、尿素琼脂(pH 7.2)、氰化钾(KCN)培养基，也可在初步判断结果后从营养琼脂平板上挑取可疑菌落接种。于(36±1)℃培养 18～24 h，必要时可延长至 48 h，按表 18-3 判定结果。将已挑菌落的平板于 25℃或室温贮存至少保留 24 h，以备必要时复查。

表 18-3 沙门氏菌属生化反应初步鉴定表

反应序号	硫化氢(H_2S)	靛基质	pH 7.2 尿素	氰化钾(KCN)	赖氨酸脱羧酶
A1	+	−	−	−	+
A2	+	+	−	−	+
A3	−	−	−	−	+/−

注:"+"表示阳性;"−"表示阴性;"+/−"表示阳性或阴性。

①反应序列 A1:典型反应判定为沙门氏菌属。如尿素、KCN 和赖氨酸脱羧酶 3 项中有 1 项异常,按表 18-4 可判定为沙门氏菌。如有 2 项异常,则按表 18-4 判定为非沙门氏菌。

表 18-4 沙门氏菌生化鉴别表

pH 7.2 尿素	氰化钾(KCN)	赖氨酸脱羧酶	判定结果
−	−	−	甲型副伤寒沙门氏菌(要求血清学鉴定结果)
−	+	+	沙门氏菌Ⅳ或Ⅴ(要求符合本群生化特性)
+	−	+	沙门氏菌个别变体(要求血清学鉴定结果)

注:"+"表示阳性;"−"表示阴性。

②反应序号 A2:补做甘露醇和山梨醇试验,沙门氏菌靛基质阳性变体两项试验结果均为阳性,但需要结合血清学鉴定结果进行判定。

③反应序号 A3:补做 ONPG。ONPG 阴性为沙门氏菌,同时赖氨酸脱羧酶阳性;甲型副伤寒沙门氏菌为赖氨酸脱羧酶阴性。

④必要时按表 18-5 进行沙门氏菌生化群的鉴别。

表 18-5 沙门氏菌属各生化群的鉴别

项目	Ⅰ	Ⅱ	Ⅲ	Ⅳ	Ⅴ	Ⅵ
卫矛醇	+	+	−	−	+	−
山梨醇	+	+	+	+	+	−
水杨苷	−	−	−	+	−	−
ONPG	−	−	+	−	+	−
丙二酸盐	−	+	+	−	−	−
KCN	−	−	−	+	+	−

注:"+"表示阳性;"−"表示阴性。

5. 血清学分型鉴定

(1)抗原的准备 通常采用 1.2%~1.5%琼脂斜面培养物作为玻片凝集试验用的抗原。O 血清不凝集时,将菌株接种在琼脂量较高的(2%~3%)培养基上检查,O 抗原在干燥环境中发育较好;如果是由于 Vi 抗原的存在而阻止了 O 凝集反应时,可挑取菌苔于 1 mL 生理盐水中做成浓菌液,在酒精灯火焰上煮沸后再检查。H 抗原发育不良时,可将菌株接种在 0.55%~0.65%半固体琼脂平板的中央,待菌落蔓延生长时,在其边缘部分取菌检查;或将菌株通过装有 0.3%~0.4%半固体琼脂的小玻管 1~2 次,自远端取菌培养后再检查。

(2)多价(O)抗原的鉴定 在玻片上划出2个约1 cm×2 cm的区域,挑取1环待测菌,各放1/2环于玻片上的每一区域上部,在其中一个区域下部加1滴多价菌体(O)抗血清,在另一区域下部加入1滴生理盐水,作为对照。再用无菌的接种环或针分别将2个区域内的菌落研成乳状液。将玻片倾斜摇动混合1 min,并对着黑暗背景进行观察,任何程度的凝集现象皆为阳性反应。

(3)多价鞭毛(H)的鉴定 同(2)。

(4)血清学分型(选做)

①O抗原的鉴定。用AF多价O血清做玻片凝集试验,同时用生理盐水做对照。在生理盐水中自凝者为粗糙形菌株,不能分型。

被AF多价O血清凝集者,依次用O4,O3,O10,O7,O8,O9,O2和O11因子血清做凝集试验。根据试验结果,判定O群。被O3,O10血清凝集的菌株,再用O10,O15,O34,O19单因子血清做凝集试验,判定E1,E2,E3,E4各亚群,每一个O抗原成分的最后确定均应根据O单因子血清的检查结果,没有O单因子血清的要用2个O复合因子血清进行核对。

不被A～F多价O血清凝集者,先用9种多价O血清检查,如有其中1种血清凝集,则用这种血清所包括的O群血清逐一检查,以确定O群。每种多价O血清所包括的O因子如下。

O多价1:A,B,C,D,E,F群(并包括6群和14群)。

O多价2:13,16,17,18,21群。

O多价3:28,30,35,38,39群。

O多价4:40,41,42,43群。

O多价5:44,45,47,48群。

O多价6:50,51,52,53群。

O多价7:55,56,57,58群。

O多价8:59,60,61,62群。

O多价9:63,65,66,67群。

②H抗原的鉴定。属于A～F各O群的常见菌型,依次用表18-6所述H因子血清检查第1相和第2相的H抗原。

表18-6 A～F群常见菌型H抗原表

O群	第1相	第2相
A	A	无
B	g,f,s	无
B	i,b,d	2
C_1	k,v,r,c	5,z15
C_2	b,d,r	2,5
D(不产气的)	D	无
D(产气的)	g,m,p,q	无
E_1	h,v	6,w,x
E_4	g,s,t	无
E_4	i	

不常见的菌型，先用8种多价H血清检查，如有其中1种或2种血清凝集，则再用这1种或2种血清所包括的各种H因子血清逐一检查，以确定第1相和第2相的H抗原。8种多价H血清所包括的H因子如下：

H多价1：a，b，c，d，i。

H多价2：eh，enx，enz_{15}，fg，gms，gpu，gq，mt，gz_{51}。

H多价3：k，r，y，z，z_{10}，lv，lw，lz_{13}，lz_{28}，lz_{40}。

H多价4：1，2；1，5；1，6；1，7；z_6。

H多价5：z_4z_{23}，z_4z_{24}，z_4z_{32}，z_{29}，z_{35}，z_{36}，z_{38}。

H多价6：z_{39}，z_{41}，z_{42}，z_{44}。

H多价7：z_{52}，z_{53}，z_{54}，z_{55}。

H多价8：z_{56}，z_{57}，z_{60}，z_{61}，z_{62}。

每一种H抗原成分的最后确定均应根据H单因子血清的检查结果，没有H单因子血清的要用两个H复合因子血清进行核对。

检出第1相H抗原而未检出第2相H抗原的或检出第2相H抗原而未检出第1相H抗原的，可在琼脂斜面上移种1代或2代后再检查。如仍只检出一个相的H抗原，要用位相变异的方法检查其另一个相。单相菌不必做位相变异检查。

位相变异试验方法如下：

小玻管法：将半固体管（每管1～2 mL）在酒精灯上熔化并冷至50℃，取已知相的H因子血清0.05～0.1 mL，加入已熔化的半固体内，混匀后，用毛细吸管吸取分装于供位相变异试验的小玻管内，待凝固后，用接种针挑取待检菌，接种于一端。将小玻管平放在平皿内，并在其旁放一团湿棉花，以防琼脂中水分蒸发而干缩，每天检查结果，待另一相细菌解离后，可以从另一端挑取细菌进行检查。培养基内血清的浓度应有适当的比例，过高时细菌不能生长，过低时同一相细菌的动力不能抑制。一般按原血清1∶(200～800)的量加入。

小倒管法：将两端开口的小玻管（下端开口要留一个缺口，不要平齐）放在半固体管内，小玻管的上端应高出培养基的表面，灭菌后备用。临用时在酒精灯上加热熔化，冷至50℃，挑取因子血清1环，加入小套管中的半固体内，略加搅动，使其混匀。待凝固后，将待检菌株接种于小套管中的半固体表层内，每天检查结果。待另一相细菌解离后，可从套管外的半固体表面取菌检查，或转种1%软琼脂斜面，于37℃培养后再做凝集试验。

简易平板法：将0.7%～0.8%半固体琼脂平板烘干表面水分，挑取因子血清1环，滴在半固体平板表面。放置片刻，待血清吸收到琼脂内，在血清部位的中央点种待检菌株，培养后，在形成蔓延生长的菌苔边缘取菌检查。

③Vi抗原的鉴定。用Vi因子血清检查。已知具有Vi抗原的菌型有：伤寒沙门氏菌，丙型副伤寒沙门氏菌，都柏林伤寒沙门氏菌。

④菌型的判定。根据血清学分型鉴定的结果，按照有关沙门氏菌属抗原表判定菌型。

（六）结果

综合以上生化试验和血清学鉴定的结果，报告25 g（或25 mL）样品中检出或未检出沙门氏菌属。

思考题

1. 如何提高沙门氏菌的检出率？
2. 沙门氏菌在三糖铁培养基上的反应结果如何？为什么？
3. 沙门氏菌检验有哪5个基本步骤？
4. 食品中能否允许有个别沙门氏菌存在？为什么？

实验十九　志贺氏菌属的检验

(一)目的

(1)了解志贺氏菌属系统检验原理。

(2)理解志贺氏菌属生化反应原理。

(3)掌握志贺氏菌属系统检验方法。

(二)原理

志贺氏菌属的细菌,又称为痢疾杆菌。能引起痢疾症状的病原微生物很多,如志贺氏菌属、沙门氏菌属、变形杆菌属、埃希氏菌属等,还有阿米巴原虫、鞭毛虫及病毒等,其中以志贺氏菌引起的细菌性痢疾最为常见。人类对志贺氏菌的易感性较高,所以在食物和饮用水的卫生检验时,常以是否含有志贺氏菌作为指标。

与肠杆菌科各属细菌相比较,志贺氏菌属的主要鉴别特征为不运动,对各种糖的利用能力较差,并且在含糖的培养基内一般不形成可见气体。除运动力与生化反应外,志贺氏菌的进一步分群分型有赖于血清学试验。

(三)材料

1. 菌种

某种志贺氏菌(*Shigella* sp.)、大肠埃希氏菌(*Esherichia. coli*)。

2. 检样

食品检样。

3. 培养基及试剂

GN 增菌液、HE 琼脂、SS 琼脂、伊红美蓝琼脂(EMB)、麦康凯琼脂、三糖铁琼脂(TSI)、半固体肉汤蛋白胨试管、葡萄糖铵琼脂、赖氨酸脱羧酶试验培养基、苯丙氨酸培养基、西蒙氏柠檬酸琼脂、葡萄糖半固体、缓冲葡萄糖蛋白胨水、糖发酵管(棉籽糖、甘露糖、甘油、七叶苷及水杨苷)、5%乳糖发酵管、蛋白胨水、尿素琼脂。

氰化钾(KCN)、吲哚试剂、甲基红试剂、V. P 试剂、氧化酶试剂及志贺氏菌属诊断血清。

4. 仪器及其他用品

天平(称取检样用)、均质器及乳钵、温箱、显微镜、灭菌广口瓶、灭菌三角瓶、灭菌平皿、载玻片、酒精灯、灭菌金属匙或玻璃棒、接种棒、镍铬丝、试管架、试管篓、硝酸纤维素滤膜。

(四)流程

志贺氏菌属的检验流程如图 19-1 所示。

(五)方法与步骤

1. 增菌

称取检样 25 g,加入装有 225 mL GN 增菌液的 500 mL 广口瓶内,固体食品用均质器以 8 000～10 000 r/min 打碎 1 min,或用乳钵加灭菌砂磨碎,粉状食品用金属匙或玻璃棒研磨使其乳化,于 36℃培养 6～8 h,培养时间视细菌生长情况而定,当培养液出现轻微浑浊时即应终止培养。

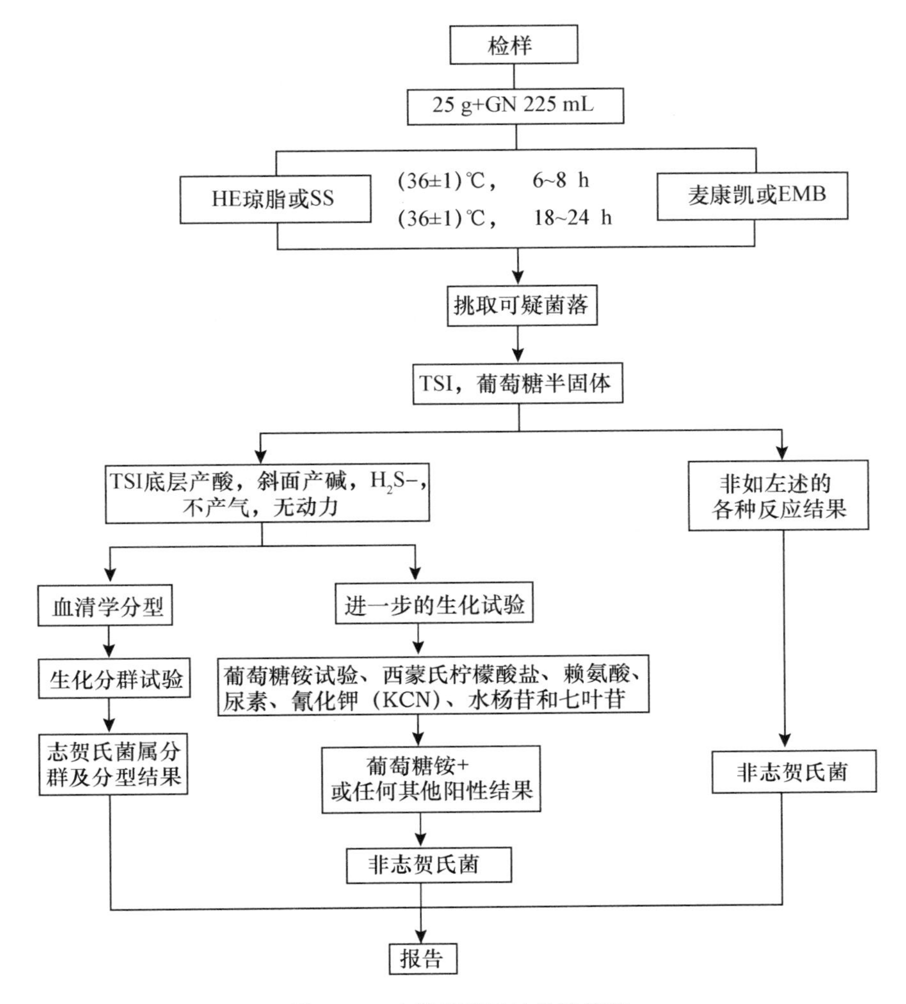

图 19-1 志贺氏菌属的检验流程

2. 分离

取增菌液 1 环，划线接种于 HE 琼脂平板或 SS 琼脂平板 1 个；另取 1 环划线接种于麦康凯琼脂平板或伊红美蓝琼脂平板 1 个，于 36℃培养 18～24 h，志贺氏菌在这些培养基上呈现无色、透明、不发酵乳糖的菌落。

3. 生物化学试验

挑取平板上的可疑菌落，接种三糖铁琼脂和半固体各 1 管。一般应多挑几个菌落以防遗漏。志贺氏菌属在三糖铁琼脂内的反应结果为底层产酸，不产气（福氏志贺氏菌 6 型可微产气），斜面产碱，不产生硫化氢；半固体管内沿穿刺线生长，无动力，具有以上特性的菌株，疑为志贺氏菌，可做血清学凝集试验。在做血清学试验的同时，应做苯丙氨酸脱氨酶、赖氨酸脱羧酶、西蒙氏柠檬酸盐和葡萄糖铵、尿素、KCN、水杨酸、七叶苷试验，志贺氏菌属均为阴性反应。必要时应做革兰氏染色检查和氧化酶试验，应为氧化酶阴性的革兰氏阴性杆菌。并用生化试验方法做 4 个生化群的鉴定，见表 19-1。

表 19-1 志贺氏菌属 4 个群的生化特性

生化群	5%乳糖	甘露醇	棉籽糖	甘油	靛青质
A 群:痢疾志贺氏菌	—	—	—	(+)	—/+
B 群:福氏志贺氏菌	—	+	+	—	(+)
C 群:鲍氏志贺氏菌	—	+	—	(+)	—/+
D 群:宋内氏志贺氏菌	(+)	+	+	d	—

注:"+"表示阳性;"—"表示阴性;"—/+"表示多数阴性,少数阳性;"(+)"表示迟缓阳性;"d"表示有或无。

4. 血清学分型

挑取三糖铁琼脂上的培养物,做玻片凝集试验。先用 4 种志贺氏菌多价血清检查。如果由于 K 抗原的存在而不出现凝集,应将菌液煮沸后再检查;如果呈现凝集,则用 A_1,A_2,B 群多价和 D 群血清分别试验。如系 B 群福氏志贺氏菌,则用群和型因子血清分别检查。福氏志贺氏菌各型和亚型的型和群抗原见表 19-2。可先用群因子血清检查,再根据群因子血清出现凝集的结果,依次选用型因子血清检查(表 19-2)。

表 19-2 福氏志贺氏菌各型和亚型的型抗原和群抗原

型和亚型	型抗原	群抗原	在群因子血清中的凝集		
			3,4	6	7,8
1a	Ⅰ	1,2,4,5,9…	+	—	—
1b	Ⅰ	1,2,4,5,9…	+	+	—
2a	Ⅱ	1,3,4…	+	—	—
2b	Ⅱ	1,7,8,9…	—	—	+
3a	Ⅲ	1,6,7,8,9…	—	+	+
3b	Ⅲ	1,3,4,6…	+	+	—
4a	Ⅳ	1,(3,4)…	(+)	—	—
4b	Ⅳ	1,3,4,6…	+	+	—
5a	Ⅴ	1,3,4…	+	—	—
5b	Ⅴ	1,5,7,9…	—	—	+
6	Ⅵ	1,2,(4)…	(+)	—	—
X 变体	—	1,7,8,9…	—	—	+
Y 变体	—	1,3,4…	+	—	—

注:"+"表示凝集;"—"表示不凝集;"( )"表示有或无。

(六)结果

根据实验过程,详细记录样品和对照菌种的各项结果,并做出结论报告。

思考题

1. 如何检出食品中的志贺氏菌?
2. 根据培养和生化试验,有否检出志贺氏菌?
3. 根据生化特性和血清学试验,检出的志贺氏菌属哪个群?哪个型?

实验二十　金黄色葡萄球菌的检验

(一)目的

(1)了解金黄色葡萄球菌的检验原理。

(2)掌握金黄色葡萄球菌的鉴定要点和检验方法。

(二)原理

葡萄球菌在自然界分布极广,空气、土壤、水、饲料、食品(剩饭、糕点、牛奶、肉品等)以及人和动物的体表黏膜等处均有存在,大部分是不致病的,也有一些是致病的。金黄色葡萄球菌是葡萄球菌属的一个种,可引起皮肤组织炎症,还能产生肠毒素。如果在食品中大量生长繁殖,产生毒素,人误食了含有毒素的食品就会发生食物中毒,故食品中存在金黄色葡萄球菌对人的健康是一种潜在危险,所以检查食品中的金黄色葡萄球菌及数量具有实际意义。

金黄色葡萄球菌能产生凝固酶,使血浆凝固。多数金黄色葡萄球菌致病菌株能产生溶血毒素,使血琼脂平板菌落周围出现溶血环,在试管中出现溶血反应。这些是鉴定致病性金黄色葡萄球菌的重要指标。

(三)材料

1. 样品

奶、肉、蛋、鱼制品和饮料等。

2. 菌种

金黄色葡萄球菌(*Staphylococcus aureus*)、藤黄八叠球菌(*Sarcina lutea*)。

3. 培养基与试剂

7.5%氯化钠肉汤、血琼脂平板、Baird-Parker 琼脂平板、营养琼脂斜面、无菌盐水、兔血浆、革兰氏染色液。

4. 仪器及其他用品

显微镜、恒温培养箱、恒温水浴箱、离心机、天平、pH 计、无菌吸管(1,10 mL)、无菌试管、无菌平皿、均质器、载玻片、L 形涂布棒、酒精灯、接种环等。

(四)流程

金黄色葡萄球菌的检验流程如图 20-1 所示。

(五)方法与步骤

1. 样品的稀释

(1)固体和半固体样品　称取 25 g 样品至盛有 225 mL 的 7.5%氯化钠肉汤的无菌均质杯内,8 000～10 000 r/min 均质 1～2 min,或放入盛有 225 mL 7.5%氯化钠肉汤的无菌均质袋中,用拍击式均质器拍打 1～2 min,制成 1∶10 的样品匀液。

(2)液体样品　以无菌吸管吸取 25 mL 样品至盛有 225 mL 的 7.5%氯化钠肉汤的无菌锥形瓶(瓶内预置适当数量的无菌玻璃珠)中,充分混匀,制成 1∶10 的样品匀液。

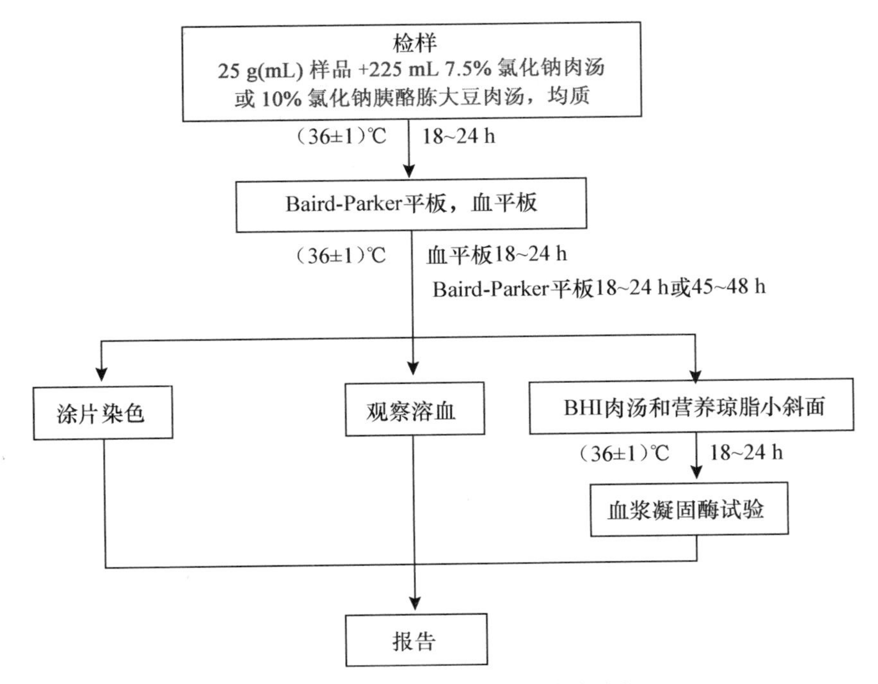

图 20-1　金黄色葡萄球菌的检验流程

2. 增菌和分离培养

①将上述样品匀液，于(36±1)℃培养 18～24 h。金黄色葡萄球菌在 7.5%氯化钠肉汤中呈浑浊生长。

②将上述培养物，分别划线接种到 Baird-Parker 平板和血平板，Baird-Parker 平板于(36±1)℃培养 18～24 h 或 45～48 h，血平板于(36±1)℃培养 18～24 h。

③金黄色葡萄球菌在 Baird-Parker 平板上，菌落圆形、凸起、光滑、湿润，直径为 2～3 mm，颜色呈灰色到黑色，边缘为淡色，周围为一浑浊带，在其外层有一透明圈。用接种针接触菌落有似奶油至树胶样的硬度，偶然会遇到非脂肪溶解的类似菌落，但无浑浊带及透明圈。长期保存的冷冻或干燥食品中所分离的菌落比典型菌落所产生的黑色较淡些，外观可能粗糙并干燥。在血平板上形成菌落较大，圆形、光滑凸起、不透明、湿润、金黄色(有时为白色)，菌落周围可见完全透明溶血圈。挑取上述菌落进行革兰氏染色镜检及血浆凝固酶试验。

二维码 20-1
金黄色葡萄球菌在 Baird-Parker 平板上的非典型菌落

3. 鉴定

(1)染色镜检　金黄色葡萄球菌为革兰氏阳性球菌，排列呈葡萄球状，无芽孢，无荚膜，直径为 0.5～1 μm。

需要注意的是，金黄色葡萄球菌繁殖时呈多个平面的不规则分裂，堆积成葡萄串状。在中毒食品、脓汁或液体培养基中常呈单个或短链排列，易误认为是链球菌。

(2)血浆凝固酶试验　挑取 Baird-Parker 平板或血平板上可疑菌落 1 个或以上，分别接种到 5 mL BHI 和营养琼脂斜面，于(36±1)℃培养 18～24 h。

取新鲜配制兔血浆 0.5 mL，放入小试管中，再加入上述 BHI 培养物 0.2～0.3 mL，振荡

二维码 20-2
血浆凝固酶试验

摇匀，置于(36±1)℃温箱或水浴箱内，每半小时观察一次，观察 6 h，如呈现凝固(即将试管倾斜或倒置时，呈现凝块)或凝固体积大于原体积的一半，则判定为阳性结果。同时以血浆凝固酶试验阳性和阴性葡萄球菌菌株的肉汤培养物作为对照。也可用商品化的试剂，按说明书操作，进行血浆凝固酶试验。

结果如可疑，挑取营养琼脂斜面的菌落到 5 mL BHI，于(36±1)℃培养 18～48 h，重复试验。

4. 葡萄球菌肠毒素的检测

可疑食物中毒样品或产生葡萄球菌肠毒素的金黄色葡萄球菌菌株的鉴定，应按照国标 GB 4789.10—2016 中葡萄球菌肠毒素检验的方法进行。实验中须注意生物安全防护，实验结束后要消毒环境，实验材料高压灭菌后方可清洗或弃之。

(六)结果

1. 结果判定

符合 2. 中③和 3.，可判定为金黄色葡萄球菌。

当食品中检出金黄色葡萄球菌时，表明食品的加工卫生条件较差，但并不一定说明该食品导致了食物中毒。而当食品中未分离出金黄色葡萄球菌时，也不能证明食品中不存在葡萄球菌肠毒素。

2. 结果报告

在 25 g(mL)样品中检出或未检出金黄色葡萄球菌。

思考题

1. 金黄色葡萄球菌的镜下特征是什么？
2. 金黄色葡萄球菌在 Baird-Parker 平板上的菌落特征如何？为什么？
3. 鉴定致病性金黄色葡萄球菌的重要指标是什么？

二维码 20-3
葡萄球菌肠毒素的检验

实验二十一　Ames 法检测诱变剂和致癌剂

(一)目的

(1)理解 Ames 法快速检测诱变剂和致癌剂的原理。

(2)掌握 Ames 法快速检测诱变剂和致癌剂的方法。

(二)原理

Ames 等发现 90%以上的诱变剂是致癌物质，由此可知，他们创立了一种快速检测法，即利用是否能引起鼠伤寒沙门氏菌组氨酸缺陷型(his^-)菌株的回复突变来判断化学物质是不是诱变剂和致癌剂，并能区别突变的类型(置换或移码突变)。

这组检测菌株含有下列突变：

①组氨酸基因突变(his^-)，根据选择性培养基上出现 his^+ 的回复突变率可测出诱变剂或致癌物的诱变效率；

②脂多糖屏障丢失(rfa)，该菌株的细胞壁基因有缺陷，使待测物容易进入细胞内；

③紫外线切除修复系统缺失(ΔuvrB)，同时其附近的硝基还原酶和生物素基因缺失(bio^-)，使致癌物引起的遗传损伤的修复降低到最小的程度；

④抗药性标记 R，某些菌株具有抗氨苄青霉素(ampicillin)的质粒，从而提高了检出的灵敏性。

常用的几株鼠伤寒沙门氏菌命名为：TA1535，TA1537，TA1538，TA98，TA100，TA97 及 TA102 等。这是一系列特异的营养缺陷型沙门氏菌株。检测菌株 TA1535 含有一个碱基置换突变，能检测引起置换突变的诱变剂。TA1537 在重复的 G-C 碱基对序列中有一个移码突变，能检测引起移码的诱变剂。TA100 和 TA98 就是上述菌株分别加上一个抗药性转移因子 pKM101 质粒后的菌株(质粒易丢失，故应尽可能减少传代)。

有的致癌物的诱变性是被哺乳动物肝细胞中的羟化酶系统活化的，而细菌却没有这种酶系统，故加入鼠肝匀浆的酶系统能增加检测的灵敏度。

鼠伤寒沙门氏菌对化学致癌物鉴别来说，不是决定性的依据。但是，目前各地资料表明，Ames 试验阳性和致癌之间有十分明显的相关性。根据 Ames 本人对 300 余种化学品进行的微生物诱变试验及动物诱癌试验对比，发现二者之间存在着非常明显的一致性。

Ames 试验的优点是方法灵敏，检出率高，经试验有 90%的化学致癌物都可获得阳性结果；加之方法比较简便、易行，不需特殊器材，容易推广。缺点是微生物的 DNA 修复系统比哺乳动物简单，基因不如哺乳动物多，不能完全代表哺乳动物的实际情况。尽管如此，由于存在着上述的优势，故目前在致突变试验中占重要位置，为首选的试验方法。

(三)材料

1. 菌种

鼠伤寒沙门氏菌(*Salmonella typhimurium*)的几个测试菌株，其突变标记如表 21-1 所示。

表 21-1　测试菌株的标记

菌株	突变的标记					
	组氨酸缺陷	脂多糖屏障丢失	U. V. 修复缺失	生物素缺陷	抗药因子	检测的突变型
TA1535	his^-	rfa	ΔuvrB	bio^-	—	置换
TA100	his^-	rfa	ΔuvrB	bio^-	R	置换
TA1537	his^-	rfa	ΔuvrB	bio^-	—	移码
TA98	his^-	rfa	ΔuvrB	bio^-	R	移码
野生型-CK	his^+	不缺失	不缺失	bio^+	—	—

2. 培养基

(1)底层培养基　葡萄糖 20 g，柠檬酸 2 g，$K_2HPO_4 \cdot 3H_2O$ 3. 5 g，$MgSO_4 \cdot 7H_2O$ 0. 2 g，琼脂(优质)12 g，蒸馏水 1 000 mL。pH 7. 0，0. 05 MPa 灭菌 15 min，用量 1 000 mL。

(2)组氨酸-生物素混合液　称 31 mg *L*-盐酸组氨酸和 49 mg 生物素溶于 40 mL 蒸馏水中，备用。

(3)上层培养基　0. 5 g 氯化钠，0. 6 g 优质琼脂，加 90 mL 蒸馏水，加热熔化后定容，然后加入 10 mL 组氨酸-生物素混合液，摇匀后分装小试管 80 支，每支 3 mL，0. 05 MPa 灭菌 15 min。需用量 250 mL。

(4)“素琼脂”　0. 5 g 氯化钠，0. 6 g 优质琼脂，加 90 mL 蒸馏水，加热熔化后定容。分装小试管 25 支，每支 3 mL，0. 05 MPa 灭菌 15 min。需用量 100 mL。

(5)肉汤培养基　牛肉膏 3 g，蛋白胨 10 g，氯化钠 5 g，琼脂 20 g，自来水 1 000 mL。调节 pH 至 7. 2～7. 4，121℃灭菌 20 min。需用量 500 mL。

(6)肉汤培养液　在肉汤培养基未加琼脂前，分装 10 支试管，每支 5 mL。

3. 肝匀浆 S-9 上清液

选成年雄性大白鼠 3 只(每只体质量在 300 g 左右)，称重，按每千克体质量腹腔注射诱导物五氯联苯油溶液 2. 5 mL(五氯联苯用玉米油配制，质量浓度为 200 mg/mL)提高酶活力。注射后第 5 天杀鼠，杀前大白鼠禁食 24 h，取 3 只大白鼠的肝脏合并后称重，用 0. 15 mol/L KCl 溶液洗涤 3 次，剪碎，每克肝脏(湿重)加 3 mL 0. 15 mol/L KCl 溶液，制成匀浆，离心(9 000 r/min，10 min)，取上清液(即 S-9)分装小试管，每管 1～2 mL，液氮速冻，−20℃冷藏备用。所用器皿、剪刀、溶液都需保持无菌，并在 0～4℃下(也可在冰浴中)操作。

4. 大鼠肝匀浆混合液

制备方法如下：

(1)0. 2 mol/L pH 7. 4 磷酸缓冲液　$Na_2HPO_4 \cdot 12H_2O$ 7. 16 g，KH_2PO_4 2. 72 g，加水至 100 mL，灭菌后备用。

(2)盐溶液　$MgCl_2$ 8. 1 g，KCl 12. 3 g，加水至 100 mL，灭菌后备用。

(3)NADP(辅酶Ⅱ)和 G-6-P(葡萄糖-6-磷酸)使用液　每 100 mL 使用液含 NADP 297 mg，G-6-P 152 mg，0. 2 mol/L pH 7. 4 的磷酸缓冲液 50 mL，盐溶液 2 mL，加水至 100 mL。细菌过滤器过滤除菌，经无菌试验后分装成每瓶 10 mL 的小瓶，−20℃贮存备用。

(4)S-9混合液　取2 mL S-9加入10 mL NADP和G-6-P使用液(将低温贮存S-9和使用液室温下融化后现配现用),混合液置冰浴中,用后多余部分弃去。

5. 试剂

亚硝基胍(NTG)(50,250,500 μg/mL,用甲酰胺0.05 mL助融后用pH 6的0.1 mol/L磷酸缓冲液配制);氨苄青霉素(8 mg/mL,用0.02 mol/L的NaOH配制);黄曲霉毒素B_1(50,5 μg/mL);结晶紫(1 mg/mL);生理盐水,氯化钾(15 mol/L)。

6. 仪器及其他用品

水浴锅、台秤高速离心机、培养皿、移液管、试管、15 W紫外灯、圆滤纸片(直径10 mm的厚滤纸)若干、镊子、黑纸、5 mL注射器、剪刀、烧杯、匀浆管、血清瓶。

(四)方法与步骤

1. 测试菌株的鉴定

(1)组氨酸和生物素标记的鉴定　将测试菌株TA1535,TA1537,TA100,TA98,S-CK等于实验前1天分别挑取1环到5 mL肉汤液中,于37℃培养过夜,离心洗涤4次。将底层培养基熔化后倒10皿。取10支"素琼脂"熔化后在48℃水浴中保温。分别吸取各试验菌液0.1 mL到各试管中,摇匀后立即倾注到底层平板上,每个菌株2皿。用蜡笔画好3个区,在A点上加微量组氨酸固体(加量约芝麻粒的1/2),B点上加微量组氨酸和生物素,C点作空白对照(图21-1),于37℃培养2 d,观察结果。证明除了对照菌株外,其他都是组氨酸和生物素缺陷型。

(2)脂多糖屏障丢失(rfa)的鉴定　倒好肉汤培养基平板10皿,取10支"素琼脂"试管按组氨酸和生物素标记的鉴定的方法倾注带菌的平板,各菌株2皿,在皿中心放一直径为0.6 cm的圆形滤纸,滴上10 μL结晶紫溶液(1 mg/mL),于37℃培养过夜后观察结果,测量抑制圈直径(图21-1)。

(3)抗药性鉴定　倒好肉汤培养基平板4皿,在平板中心加0.01 mL氨苄青霉素,用接种环轻轻涂成1条带,置于37℃待干。用蜡笔画好记号,分别挑取一环试验菌株,按与氨苄青霉素带垂直的方向划线,每皿间隔划2个菌株,每个菌株划两皿,于37℃培养过夜,观察结果(图21-1)。

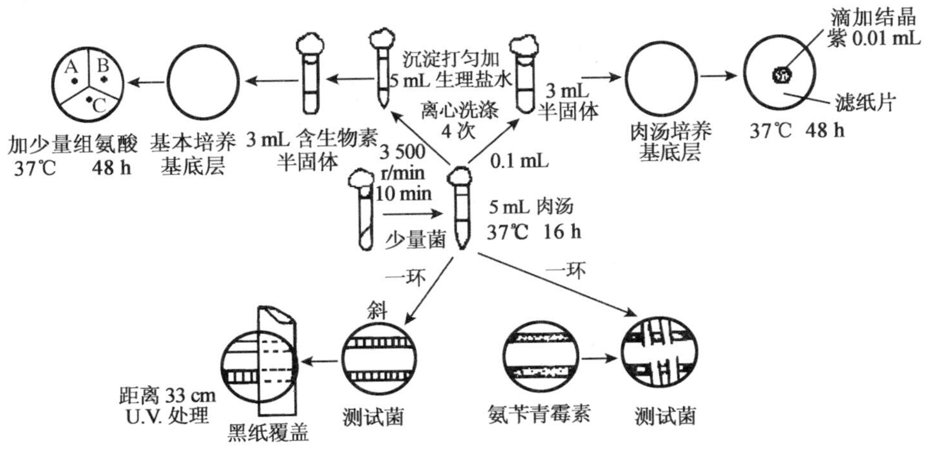

图21-1　Ames试验菌种鉴定操作程序

(4)紫外线切除修复缺失(ΔuvrB)的鉴定　倒好肉汤培养基平板 5 皿,每皿划 2 条不同试验菌的菌带,每个菌株划 2 皿(图 21-1)。用灭菌的黑纸遮盖培养皿的 1/2,置 15 W 紫外灯下(距离 30 cm),照射 8 s,在暗室内红灯下操作,照好后用黑纸包好,于 37℃培养过夜,观察结果。

2. NTG 的诱变作用与黄曲霉毒素 B_1 的诱变作用

(1)诱变作用的初检(点滴法)

①NTG 的诱变作用。倒好底层培养基平板 18 皿。熔化上层培养基 18 支放入 48℃水浴中保温。将在 37℃培养约 17 h 的 TA1535,TA100 和 TA98 3 个菌株的菌液稀释 20 倍后,各吸 0.2 mL 菌液于上层培养基试管,摇匀后迅速倾入底层平板上,每个菌株 6 皿。待凝固后于皿中心放入厚的圆滤纸片,分别加 50,250 和 500 μg/mL 的 NTG 各 0.02 mL 到滤纸片上,即每皿分别是 1,5 和 10 μg,于 37℃培养 2 d 后观察结果。

②黄曲霉毒素 B_1 的诱变作用。有些诱变剂和致癌剂要经肝匀浆酶系统活化后才能被测出,黄曲霉毒素就是这类物质之一。在测试的前一周事先制备好肝匀浆 S-9 和含有 G-6-P 与 NADP 的 pH 7.4 的盐溶液,分别低温保存,实验前将这两部分溶化后按所需量混合制成 S-9 混合液,本实验取 2 mL S-9 加入 10 mL pH 7.4 的盐溶液,置冰浴中备用。

倒好底层培养基平板 24 皿,熔化上层培养基 24 支,放入 48℃水浴中保温。将在 37℃培养约 17 h 的 TA1535,TA100 和 TA98 3 个菌株的菌液稀释 20 倍后,各吸 0.2 mL 菌液于上层培养基试管中,每个菌株 8 支,其中 4 株加 S-9 混合液各 0.2 mL,另 4 株不加,摇匀后迅速倾入底层平皿(S-9 混合液加入后要立即倾入平皿,以免酶在 48℃中失活)。待凝固后在皿中心放一厚的圆滤纸片,取 2 皿已加 S-9 混合液和 2 皿不加者分别加 0.02 mL 的黄曲霉毒素 B_1(每毫升含有 50 μg 黄曲霉毒素 B_1)。于 37℃培养 2 d 后观察结果。

(2)突变频率的测定　点试法简便,但仅能作为初步的定性测定,只有严格地测定了诱发回复突变频率后才能得到阳性或阴性的肯定结论。

①NTG 诱发回复突变的频率。倒好底层培养基平板 12 皿,熔化上层培养基 12 支,48℃水浴保温。分别吸取稀释 20 倍的菌液各 0.2 mL 和 NTG(50 μg/mL)0.1 mL,放入上层试管中,摇匀后立即倾注到底层平板上,每个菌株 2 皿,每皿含 NTG 5 μg。另外,分别吸取 0.2 mL 菌液于上层试管中,摇匀后立即倾注到底层平板上作对照,每个菌株 2 皿,于 37℃培养 2 d 后观察结果,计算自发回复突变率和诱发回复突变率。凡诱发回复突变率超过自发回复突变率 2 倍以上者属于阳性,低于 2 倍者属于阴性。

为了计算突变频率,必须同时测定各菌液的活菌数目。为此需将上述 3 菌株的 20 倍稀释液再稀释至 10^{-5},10^{-6} 后各取 0.1 mL 与肉汤培养基混合,各菌株 4 皿,于 37℃培养 2 d 后计数。

②黄曲霉毒素 B_1 诱发回复突变的频率。倒好底层培养基平板 24 皿,熔化上层培养基 24 支,48℃水浴保温。分别吸取稀释 20 倍的菌液各 0.2 mL 于上层培养基试管,每个菌株 8 支,其中 4 株加 S-9 混合液各 0.2 mL,另 4 株不加。取 2 支加 S-9 混合液和 2 支不加者分别加入含有 5 μg/mL 的黄曲霉毒素 B_1 0.2 mL(即每皿含有 1 μg 黄曲霉毒素 B_1),摇匀后立即倾入底层平板上。其余 4 支不加黄曲霉毒素 B_1 者也摇匀倾入底层平板上。待凝固后置于 37℃培养 2 d 后计数。

活菌计数与 NTG 的诱变作用方法相同。

(3)试验对照　每次试验均需设自发回复突变、阳性及阴性 3 项对照。

①自发回复突变对照。操作与上述方法基本相同,只是在上层琼脂试管内加 0.1 mL 菌

液、0.5 mL S-9 混合液，不加待测样品液。于 37℃培养 2 d 观察在上层培养基上长出的菌落，则表示该菌为自发回复突变体。记录并计算每组平皿菌落平均数(R_c)。

$$突变率(M_R)=\frac{每皿诱变菌落均数(R_t)}{每皿自发回复突变菌落均数(R_c)}$$

只有突变率＞2 时才能认为样品属 Ames 试验阳性。试验样品浓度达 500 μg/皿仍未出现阳性结果，便可报告该待测样品属 Ames 试验阴性。

对于阳性结果的样品，其试验结果尚要经统计分析，若计算剂量与回变菌落之间有可重复的相关系数，经相关显著性检验，最后才能确认为阳性。

②阴性对照。为了说明样品本身确为 Ames 试验阳性而与配制样品液所用溶剂无关，所以阴性对照物是用配制样品时的溶剂，如水、二甲基亚砜、乙醇等。

③阳性对照。在检测样品的同时，可选一种已知有突变性的化学药品代替样品做平行试验，将其结果与样品的结果比较，可以看出试验的敏感性和可靠性。本试验以 NTG 和黄曲霉毒素 B_1 为例说明试验的方法。NTG 是常用的诱变剂，常引起碱基对的置换；黄曲霉毒素 B_1 的诱变性能需经肝细胞微粒体酶系的激活。这两种诱变剂毒性都很强，使用时应特别小心。

(五)结果

(1)记下测试菌株的鉴定结果。

①组氨酸和生物素标记的鉴定。

②脂多糖屏障丢失的鉴定。

③抗药性的鉴定。

④紫外线切除修复缺失的鉴定。

(2)把 NTG 和黄曲霉毒素 B_1 诱变作用的初检(点滴法)结果记在表 21-2 和表 21-3 中。

表 21-2　NTG 诱发回复突变的初检结果　　个/皿

菌株	NTG 含量/(μg/皿)					
	1		5		10	
	①	②	①	②	①	②
TA1535						
TA100						
TA98						

表 21-3　黄曲霉毒素 B_1 诱发回复突变的初测结果　　个/皿

菌株	黄曲霉毒素 B_1				对照			
	加 S-9		不加 S-9		加 S-9		不加 S-9	
	①	②	①	②	①	②	①	②
TA1535								
TA100								
TA98								

(3)把 NTG 和黄曲霉毒素 B_1 诱发回复突变频率的测定结果记在表 21-4 和表 21-5 中。

表 21-4 NTG 诱发回复突变频率 %

菌株	活菌计数			自发回复突变			诱发回复突变		
	①	②	平均	①	②	平均	①	②	平均
TA1535									
TA100									
TA98									

表 21-5 黄曲霉毒素 B_1 诱发回复突变频率 %

菌株	诱发回复突变(加黄曲霉毒素 B_1)						自发回复突变(不加黄曲霉毒素 B_1)					
	加 S-9			不加 S-9			加 S-9			不加 S-9		
	①	②	平均	①	②	平均	①	②	平均	①	②	平均
TA1535												
TA100												
TA98												

思考题

1. 为什么可以用细菌检测致癌物质?
2. 对致癌物质检测为什么选用回复突变基因做标记?

附注

①鼠伤寒沙门氏菌是条件致病菌,所以用过的器皿应放入石炭酸中或进行煮沸灭菌,培养基也应经煮沸后倒弃。

②肝匀浆的提取应重视无菌操作,并应做无菌测定,如无低温条件时,提取过程尽可能用冰浴保持低温。S-9 混合液要现用现配。

③倒底层培养基时,待熔化好的培养基冷却到 45～50℃时倒皿,尽可能减少平板表面的水膜,防止上层“滑坡”,能预先在 37℃过夜则更好。

④NTG 和黄曲霉毒素都是强烈致癌物,操作时要胆大心细,切勿用嘴吸取,用过的器皿要用大量的水冲洗或放入 0.5 mol/L 硫代硫酸钠中解毒后方可清洗。

实验二十二 食品中黄曲霉毒素的检测

(一)目的要求

(1)了解黄曲霉毒素 B_1 的免疫学检测原理。

(2)熟悉花生中黄曲霉毒素 B_1 的 ELISA 检测方法。

(二)原理

1993 年黄曲霉毒素被世界卫生组织(WHO)的癌症研究机构划定为Ⅰ类致癌物,是一种毒性极强的剧毒物质。目前已分离鉴定出该组化学结构类似物有近 20 种,包括 B_1、B_2、G_1、G_2、M_1、M_2、P_1、Q、H_1、GM、B_{2a} 和毒醇。黄曲霉毒素危害人及动物肝脏组织,严重时,导致肝癌甚至死亡。在天然污染的食品中以黄曲霉毒素 B_1 最为多见,其毒性和致癌性也最强,黄曲霉毒素 B_1 是二氢呋喃氧杂萘邻酮的衍生物。

黄曲霉毒素的检测方法很多,其中薄层层析法和液相色谱法是目前国内大多数检测机构都在使用的方法,缺点是检测周期长、程序复杂、所需试剂繁多,已不能满足现代检测精准高效的要求。随着现代科学技术的不断发展,人们已创建了不少快捷、简便、特异、敏感、低耗且适用的黄曲霉毒素检测方法。其中,免疫学方法应用颇多,如酶联免疫吸附法、免疫亲和柱法、免疫层析法等,虽然上述方法优点很多,但由于检测费用较高,无法普及。

本实验采用间接竞争性酶联免疫方法检测花生中的黄曲霉毒素 B_1。其基本原理为:将已知抗原吸附在固态载体表面,洗去未吸附抗原,加入一定量的抗体与待测样品(含有抗原)提取液的混合液,温育竞争反应后,在固相载体表面形成抗原抗体复合物。吸取多余抗体成分,然后加入酶标记的抗球蛋白的第二抗体结合物,与吸附在固体表面的抗原抗体复合物相结合,再加入酶底物。在酶的催化作用下,底物发生降解反应,产生有色物质,通过酶标检测仪测出酶底物的降解量,从而推知被测样品中的抗原量。

(三)材料

1. 试剂与溶液

兔抗黄曲霉毒素 B_1 单克隆抗体,人工抗原(AFB_1——牛血清白蛋白结合物),黄曲霉毒素 B_1 标准品,三氯甲烷,甲醇,石油醚,邻苯二胺(OPD),辣根过氧化物酶(HRP)标记羊抗兔 IgG,过氧化氢(H_2O_2),硫酸,ELISA 缓冲液,包被缓冲液,洗液(PBS-T),抗体缓冲液,底物缓冲液,封闭液。

2. 仪器及其他用品

研钵、摇床、酶标仪、水浴锅、培养箱、酶标板、微量加样器、吸头、具塞锥形瓶、20 目筛、移液管、量筒、烧杯、定性滤纸、蒸发皿、分液漏斗,具塞试管。

(四)流程

采集样品→提取毒素→包被抗原→封闭酶标板→加抗原抗体→竞争反应

↓

检测结果←终止反应←显色反应←酶标反应←加二抗

(五)方法与步骤

1. 花生的毒素提取

样品去壳去皮捣碎，研磨后称取 20.0 g，加入 250 mL 具塞三角瓶中，准确加入 100.0 mL 甲醇-水(55∶45)溶液和 30 mL 石油醚，盖塞后，150 r/min 振荡 30 min。静置 15 min 后用快速定性滤纸过滤于 125 mL 分液漏斗中。

放出下层甲醇-水溶液于 100 mL 烧杯中，从中取 20.0 mL 置于另一个 125 mL 分液漏斗中，加入 20.0 mL 三氯甲烷，振摇 2 min，静置。

将三氯甲烷收集于 75 mL 蒸发皿中，再加 5.0 mL 三氯甲烷于分液漏斗中，重复上一步骤，一并收集三氯甲烷于蒸发皿中，65℃水浴通风挥发干。

用 2.0 mL 20%甲醇-PBS 分 3 次(0.8，0.7，0.5 mL)溶解并彻底冲洗蒸发皿中的凝结物，移至小试管，加盖振荡后静置待测。此液每毫升相当于 2.0 g 样品。

2. 酶联免疫吸附测定(ELISA)

(1)包被微孔板　用 AFB_1-BSA 人工抗原包被酶标板，100 μL/孔，4℃过夜。

阴性对照：在已包被好的酶标板孔中，加入 7%甲醇-PBS 液与兔抗 AFB_1 抗体，再加羊抗兔-辣根过氧化物酶，其 OD 值最高。

空白对照：不包被 AFB_1-蛋白结合物，以下操作与阴性对照孔相同，其 OD 值最低。

(2)封闭微孔板　已包被的酶标板用洗液洗 3 次，每次清洗 3 min 后，加封闭液封闭，250 μL/孔，置于 37℃下 1 h。

(3)抗原抗体反应　酶标板洗 3×3 min 后，加抗原抗体反应液(将抗黄曲霉毒素 B_1 的单克隆抗体稀释后分别与等量样品提取液用 2 mL 试管混合振荡后，于 4℃静置 15 min)以抗体稀释液为阴性对照，100 μL/孔，37℃，2 h。

(4)酶标记反应　酶标板洗 3×3 min，加酶标二抗(1∶2 000，体积分数)100 μL/孔，1 h。

(5)显色反应　酶标板用洗液洗 5×3 min；加底物溶液(1 mg OPD)，加 2.5 mL 底物缓冲液，加 37 μL 30% H_2O_2，待底物充分溶解后加入酶标板，100 μL/孔，37℃，15 min 反应。

(6)终止反应　加入 2 mol/L H_2SO_4，50 μL/孔，终止反应。

(7)结果测定　酶标仪 492 nm 测出 OD 值。

(六)结果

(1)求出各孔的吸收校正值

$$吸收校正值=吸收实测值-空白对照孔吸收值(均值)$$

(2)求出待测样的吸收值

$$吸收值=[吸收校正值\div阴性对照孔吸收校正值(均值)]\times100\%$$

(3)求出待测样 AFB_1 含量(ng/g)　将待测样的吸收值(%)代入标准竞争抑制曲线，算出 AFB_1 含量(GB/T 5009.22—2016 中，从标准曲线直接求得的数值，即为所测样品中黄曲霉毒素 B_1 的浓度)。

(七)注意事项

①该试验的操作要求在通风橱中完成；检测时要戴口罩和乳胶手套，以防止标准品和浓缩检测液接触皮肤，或者进入呼吸道。

②试验用具要在 4%的次氯酸钠溶液中浸泡以解除污染。

③本试验黄曲霉毒素 B_1 标准曲线的绘制方法为:黄曲霉毒素 B_1 抗体稀释后分别与等量不同浓度的黄曲霉毒素 B_1 标准溶液用 2 mL 试管混合振荡后,于 4℃静置 15 min 后测其 OD 值。以不同浓度的黄曲霉毒素标准溶液的浓度对数值做横坐标,对应获得的 A%为纵坐标,做标准竞争抑制曲线。

思考题

1. 本实验的检测限是多少?
2. 在检测中,多次孵育的原理是什么?

实验二十三　食品中霉菌计数法

一、平板菌落计数法

(一)目的

(1)掌握用平板菌落计数法计数食品中霉菌的原理及方法。

(2)掌握对霉菌的判断。

(二)原理

平板菌落计数法是根据微生物在高浓度稀释条件下固体培养基上所形成的单个菌落是由一个单细胞(孢子)繁殖而成这一培养特征设计的计数方法。先将待测定的微生物样品按比例作一系列的稀释后,再吸取一定量某几个稀释度的菌液于无菌培养皿中,及时倒入培养基,立即摇匀。经培养后,将各平板中计得的菌落数乘以稀释倍数,即可测知单位体积的原始菌样中所含的活菌数。霉菌和细菌计数均可采用此方法,区别只在于霉菌和细菌计数所用培养基不同,霉菌培养基里加入了抑制细菌生长的抗生素,另外,霉菌培养所使用的温度亦不同于细菌培养。

(三)材料

1. 样品

玉米淀粉、番茄酱、糕点、面包、发酵食品、乳及乳制品等。

2. 培养基与试剂

马铃薯-葡萄糖-琼脂培养基、孟加拉红培养基。

3. 仪器及其他用品

高压蒸汽灭菌器、冰箱、恒温培养箱、均质器、恒温振荡器、显微镜、电子天平、无菌锥形瓶、无菌广口瓶、无菌吸管(1,10 mL)、无菌平皿(直径 90 mm)、无菌试管、无菌牛皮纸袋、塑料袋。

(四)流程

食品中霉菌计数的流程如图 23-1 所示。

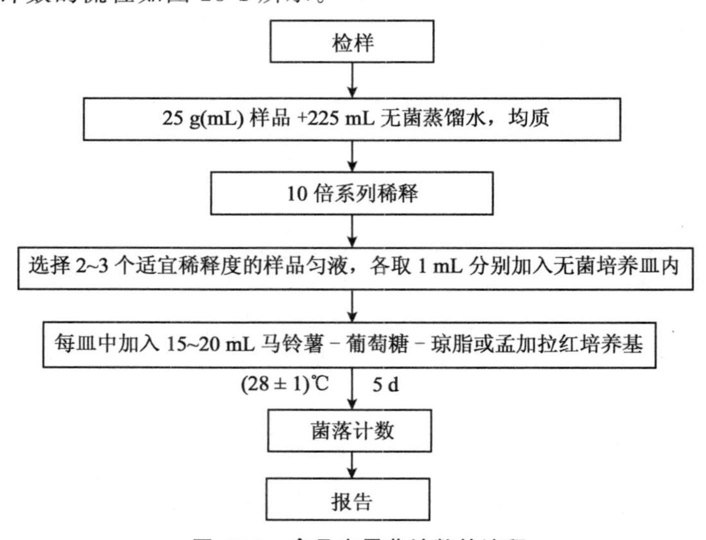

图 23-1　食品中霉菌计数的流程

(五)方法与步骤

1. 样品的稀释

①固体和半固体样品。称取 25 g 样品至盛有 225 mL 灭菌蒸馏水的锥形瓶中,充分振摇,即为 1∶10 稀释液。或放入盛有 225 mL 无菌蒸馏水的均质袋中,用拍击式均质器拍打 2 min,制成 1∶10 的样品匀液。

②液体样品。以无菌吸管吸取 25 mL 样品至盛有 225 mL 无菌蒸馏水的锥形瓶(可在瓶内预置适当数量的无菌玻璃珠)中,充分混匀,制成 1∶10 的样品匀液。

③取 1 mL 1∶10 稀释液注入含有 9 mL 无菌水的试管中,另换 1 支 1 mL 无菌吸管反复吹吸,此液为 1∶100 稀释液。

④按③的操作程序,制备 10 倍系列稀释样品匀液。每递增稀释 1 次,换用 1 次 1 mL 无菌吸管。每支移液管只能接触一个稀释度的菌液,每次移液前,都必须来回吹吸几次,使菌液充分混匀。

⑤根据对样品污染状况的估计,选择 2～3 个适宜稀释度的样品匀液(液体样品可包括原液),在进行 10 倍递增稀释的同时,每个稀释度分别吸取 1 mL 样品匀液于 2 个无菌平皿内。同时分别取 1 mL 样品稀释液加入 2 个无菌平皿作空白对照。

⑥及时将 15～20 mL 冷却至 46℃的马铃薯-葡萄糖-琼脂或孟加拉红培养基[可放置于(46±1)℃恒温水浴箱中保温]倾注平皿,并转动平皿使其混合均匀。菌液加入平板后要尽快倒入熔化并冷却至 46℃的培养基,立即摇匀,否则菌体常会吸附在平板底部,不易分散成单菌落,因而影响计数的准确性。

2. 培养

待琼脂凝固后,将平板倒置,(28±1)℃培养 5 d,观察并记录。

3. 菌落计数

肉眼观察,必要时可用放大镜,记录各稀释倍数和相应的霉菌。以菌落形成单位(colony forming units,CFU)表示。

选取菌落数在 10～150 CFU 的平板,根据菌落形态计数霉菌数。霉菌蔓延生长覆盖整个平板的可记录为多不可计。菌落数应采用 2 个平板的平均数。

(六)结果

1. 结果计算

①计算 2 个平板菌落数的平均值,再将平均值乘以相应稀释倍数计算。

②若所有平板上菌落数均大于 150 CFU,则对稀释度最高的平板进行计数,其他平板可记录为多不可计,结果按平均菌落数乘以最高稀释倍数计算。

③若所有平板上菌落数均小于 10 CFU,则应按稀释度最低的平均菌落数乘以稀释倍数计算。

④若所有稀释度平板均无菌落生长,则以小于 1 乘以最低稀释倍数计算;如为原液,则以小于 1 计数。

2. 报告

①菌落数在 100 以内时,按“四舍五入”原则修约,采用两位有效数字报告。

②菌落数大于或等于 100 时,前 3 位数字采用“四舍五入”原则修约后,取前 2 位数字,后面用 0 代替位数来表示结果;也可用 10 的指数形式来表示,此时也按“四舍五入”原则修约,采用 2 位有效数字。

③称重取样以 CFU/g 为单位报告,体积取样以 CFU/mL 为单位报告霉菌数。

思考题

1. 霉菌的测定与菌落总数的测定有什么相同及不同的地方?
2. 用平板菌落计数法计数霉菌为什么要在培养基中加入氯霉素?

二、霍华德(Howard)霉菌计数法

(一)目的

(1)了解霍华德(Howard)霉菌计测装置。

(2)初步掌握番茄酱的霉菌计测方法。

(二)原理

各种加工的水果和蔬菜制品,如番茄酱原料、果酱和果汁等易受霉菌的污染,适宜条件下霉菌不仅能生长,还能繁殖。以番茄制品为例,在加工中若原料处理不当,产品中就会有霉菌残留。因此,利用霍华德霉菌计数法,可通过在一个标准计数玻片上计数含有霉菌菌丝的显微视野,知道番茄酱中霉菌残留的多少,对番茄制品质量的评定,具有一定参考价值。番茄制品中霉菌数的多少,可以反映原料番茄的新鲜度、生产车间的卫生状况、生产过程中是否有变质发生。番茄酱霉菌数的部颁标准为阳性视野不得超过 50%。

(三)材料

1. 样品

番茄酱。

2. 仪器及其他用品

计测装置(包括载玻片、盖玻片、测微计)、显微镜、折光仪或糖度计、烧杯、量筒、托盘天平等。计测装置结构如图 23-2 至图 23-4 所示。

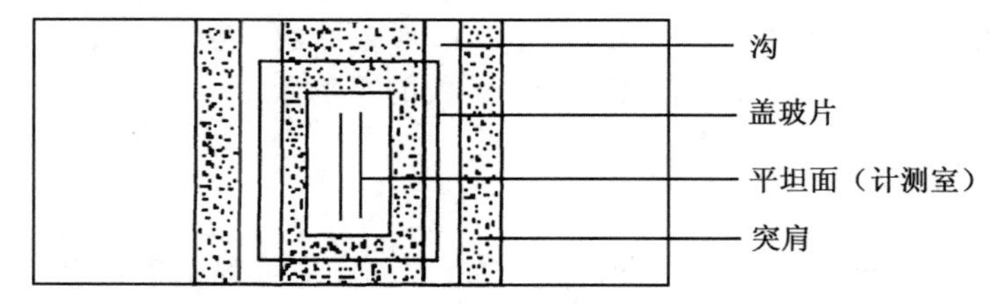

图 23-2　载玻片正视示意图

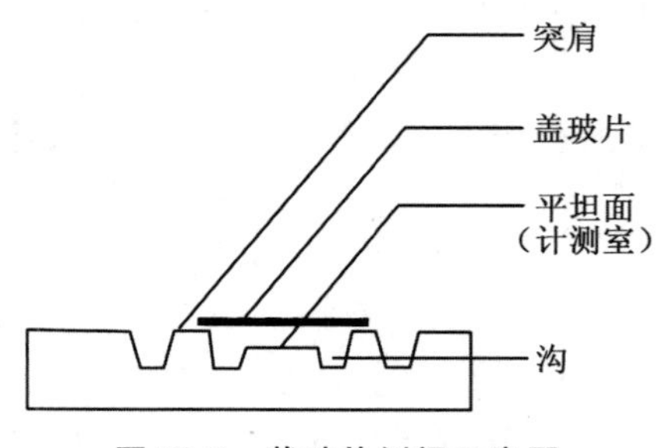

图 23-3　载玻片侧视示意图

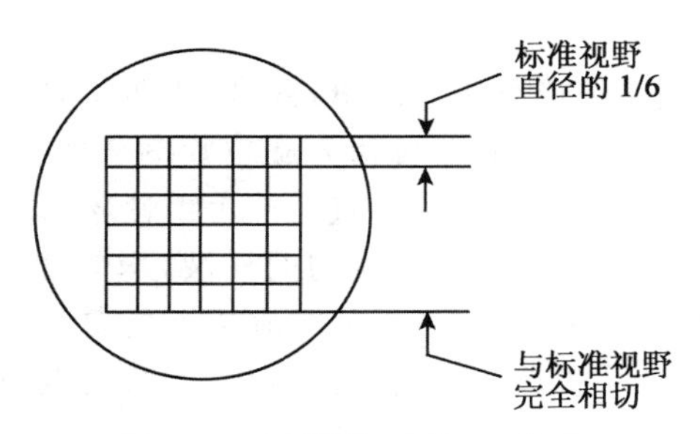

图 23-4　测微器(配片)示意图

(四)方法与步骤

1. 取样

抽样数量按每班成品 5 t 以下取样 1 罐，产量每增加 5 t，取样量增加 1 罐。不同浓度和规格可以混合计算，不足 5 t 按每班取样 1 罐。

2. 检样制备

番茄汁和调味番茄酱可直接取样；番茄酱或番茄糊需加水稀释为固形物含量相当于 20℃ 下折光指数为 1.344 7～1.346 0(即 7.9%～8.8%)的标准样液。

(1)称样　用小烧杯在托盘天平上称取 10 g(约 28.5%)番茄酱。

(2)稀释　向小烧杯中加入 26 mL 蒸馏水，用玻棒搅拌均匀，即为折光指数 1.344 7～1.346 0(或 7.9%～8.8%)的标准样液。用糖度计或折光仪测定折光指数或浓度，如果折光指数过大或过小，需加水或样品，直至配成标准样液，才能进行检验。

(3)标准视野的调节　霍华德霉菌计测用的显微镜，要求物镜放大倍数为 90～125 倍，其视野直径的实际长度为 1.382 mm，则该视野为标准视野。

检查标准视野：将载玻片放在载物台上，配片置于目镜的光栏孔上，然后观察。标准视野要具备两个条件：载玻片上相距 1.382 mm 的两条平行线与视野相切；配片(测微器)的大方格四边也与视野相切。如果发现上述两个条件中有一条不符合，需经校正后再使用。如图 23-5 所示。

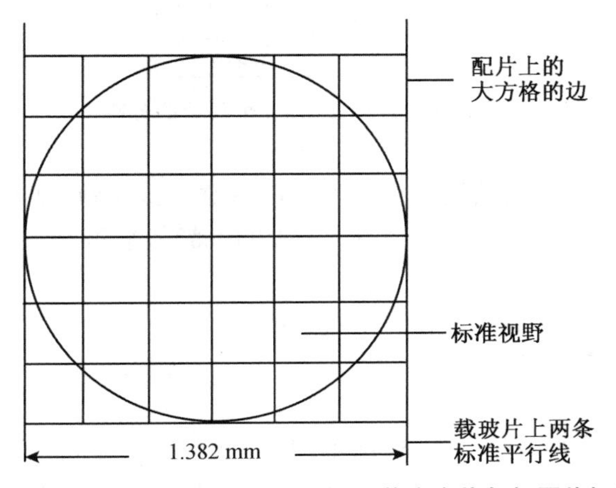

图 23-5　标准视野状态下两条标准平行线、配片大方格与视野外切的相互位置

3. 涂片

(1)检查玻片　首先用擦镜纸或绸布蘸酒精将载玻片和盖玻片擦净。检查是否擦干净，可将盖玻片置于载玻片的两条突肩上观察盖玻片与载玻片突肩的接触处是否产生牛顿环，如果没有产生牛顿环，表明没有擦净，必须重新擦，直至产生牛顿环，方可使用。

(2)加样　用滴管或玻棒取一大滴混合均匀的样液，均匀地涂布于载玻片中央的平坦面上，盖上盖玻片(盖玻片可直接盖上去，也可以从突肩边沿处吻合切入)。如果发现样液涂布不均匀，有气泡或样液流入沟内、从盖玻片与突肩处流出，盖玻片与载玻片的突肩处不产生牛顿环等，应弃去不用，重新制作。

涂好的制片，在计测室内，每个标准视野的样液体积为：

$$\pi r^2 \times 0.1 = 3.1416 \times (1.382/2)^2 \times 0.1 = 0.15\ \text{mm}^3$$

4. 观察记录

(1)观察视野数及分布　对一般样品，每个涂片均检查 50 个视野(每 1 个样品至少应测 25 个视野，才能代表样品的各个部分。如果检查结果阳性视野低于 30%，则检查 25 个视野即可；如果为 30%～40%，须检查 50 个视野；如果为 40%～50%，须检查 100 个视野；如果为 50%以上或超过更多，则要继续检查，直至检查 25 个视野的结果与一系列计算结果无差异为止)。所检查的 50 个视野要均匀地分布在计测室上(图 23-6)，可用显微镜载物台上带有标尺的推进器来控制，从上到下或从左到右一行行有规律地进行观察。

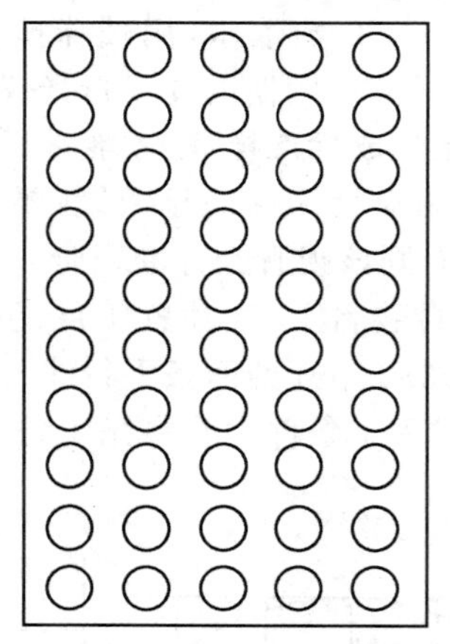

图 23-6　计测室上 50 个视野的分布

(2)霉菌菌丝的鉴别　霉菌菌丝往往与番茄组织难以区别，但能够很有把握地加以区别，是保证计测结果准确的重要环节之一。在同一视野内霉菌菌丝的特征是：

①霉菌菌丝一般粗细均匀。

②霉菌菌丝体内含有颗粒，具有一定的透明度。

③有的霉菌菌丝有横隔。

④有的霉菌菌丝有分支。

而番茄组织的细胞壁大多呈环状，粗细不均匀，细胞壁较厚，且透明度不一致。当在标准视野下不能确认是否为霉菌菌丝时，可放大 200 倍或 400 倍上下调节视野，观察不同平面的菌丝。

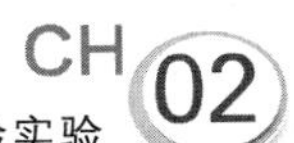

(3)记录结果

①阳性视野与阴性视野的判断：在标准视野下，上下调节焦距发现有霉菌菌丝，其长度超过标准视野直径(1.382 mm)的 1/6(即一个小方格的边长)或 3 根菌丝总长度超过标准视野直径的 1/6，这个视野称为阳性视野，否则称为阴性视野。有时在标准视野中出现极细的菌丝丛或小菌落，则以其直径来计算，超过视野直径 1/6 为阳性视野，否则为阴性视野。阳性视野用“＋”表示；阴性视野用“－”表示。

②对初次学习霍华德霉菌计测法者，做记录前，先在记录纸上划出计测室上 50 个视野均匀分布的小格，观察一个标准视野，立即在相应的方格内作“＋”或“－”的记录，或“－”以空格表示(图 23-7)。这种记录方法，在计测过程中，可减少重复或遗漏计数的现象，也可以从记录表格上“＋”“－”视野的分布，了解涂片是否均匀。如果一个样品做 2 个片子，观察结果误差较大(大于 6%)，则应另取样涂片，观察测定至误差小于 6%时为止。

+	−	−	+	−
−	+	−	−	+
−	−	−	+	−
−	+	−	−	−
+	−	−	−	+
−	−	+	−	−
−	+	−	+	−
−	−	+	−	−
+	−	−	−	−
−	+	−	−	+

	+		+	
+		+		
	+			+
			+	
	+	+		
	+			+
+			+	
		+		+
+				

图 23-7　观察结果记录示意图

(五)结果

1. 计算

霍华德霉菌计测数值，又称霉菌数，用百分比表示。其含义如下：

将 0.15 mm^3 标准样液，均匀地摊布成厚 0.1 mm，直径为 1.382 mm，面积为 1.5 mm^2 的标准视野，在显微镜下检查。按 100 个视野数计算，其中发现有霉菌菌丝存在的视野数(即阳性视野数)。

根据霉菌数含义，其计算公式如下：

$$霉菌数=\frac{阳性视野数}{50}\times 100\%$$

举例如图 23-7 所示，记录的阳性视野数，片 1 为 15，片 2 为 16，则样品的霉菌数为：

$$样品霉菌数=\frac{(15+16)}{50}\times\frac{1}{2}\times 100\%=31\%$$

附注

卫健委标准为阳性视野不超过 50%，在国际贸易中，合同上无要求时按部颁标准执行，合同上有要求时按合同执行；每抽取 1 罐样品制 2 个片子，每片观察 50 个视野，如果超过标准指标，应该继续制片，但片子数量不得少于 3 片即 150 个视野，如果计测结果相近时，可取其平均值；如对抽样结果有异议，应加倍抽样；全部合格，作为合格处理，其中有1罐不合格，该批作为不合格处理。

2. 报告

做好计测记录，按记录计算计测结果并写出报告。

思考题

1. 霍华德霉菌计测装置的构造是什么？
2. 霍华德霉菌计测过程中要注意什么？

实验二十四　食品中病原性大肠埃希氏菌的检验

(一)目的

(1)了解病原性(致泻)大肠埃希氏菌的种类与非病原性大肠埃希氏菌的区别。

(2)掌握致泻性大肠埃希氏菌检验的原理和方法。

(二)原理

大肠埃希氏菌(*Escherichia coli*)是肠道中重要的正常菌群。正常情况下,大肠埃希氏菌不致病,而且还能合成维生素 B 和维生素 K,生产大肠菌素,对机体有利。但当机体抵抗力下降或大肠埃希氏菌侵入肠外组织或器官时,可作为条件性致病菌而引起肠道外感染,以化脓性感染和泌尿系感染最为常见。有些血清型大肠埃希氏菌获得了致病的能力,具有致病性,可以引起肠道内感染,包括胃肠炎、腹泻,故又称致泻大肠埃希氏菌(Diarrheagenic Eseherichia coli, DEC)。已知的致泻大肠埃希氏菌有 5 类,即产肠毒素大肠埃希氏菌(ETEC)、肠道集聚性大肠埃希氏菌(EAEC)、肠道侵袭性大肠埃希氏菌(EIEC)、肠道致病性大肠埃希氏菌(EPEC)和产志贺毒素大肠埃希氏菌(STEC)或肠道出血性大肠埃希氏菌(EHEC)[有些产志贺毒素大肠埃希氏菌在临床上引起人类出血性结肠炎(HC)或血性腹泻,并可进一步发展为溶血性尿毒综合征(HUS),这类产志贺毒素大肠埃希氏菌为肠道出血性大肠埃希氏菌]。带菌的牛和猪是传播本菌引起食物中毒的重要原因,人带菌亦可污染食品,引起中毒。

致泻性大肠埃希氏菌检验的原理:

三糖铁琼脂(TSI):适合于肠杆菌科的鉴定,用于观察细菌对糖的利用和硫化氢(变黑)的产生。该培养基含有乳糖、蔗糖和葡萄糖的比例为 10∶10∶1,只能利用葡萄糖的细菌,葡萄糖被分解产酸可使斜面先变黄,但因量少,生成的少量酸因接触空气而氧化,加之细菌利用培养基中含氮物质生成碱性产物,故使斜面后来又变红,底部由于是在厌氧状态下,酸类不被氧化,所以仍保持黄色。而发酵乳糖的细菌(*E. coli*),则产生大量的酸,使整个培养基呈现黄色。如培养基接种后产生黑色沉淀,是因为某些细菌能分解含硫氨基酸,生成硫化氢,硫化氢和培养基中的铁盐反应,生成黑色的硫化亚铁沉淀。

蛋白胨水(靛基质试验 Indole):大肠埃希氏菌能分解蛋白胨中的色氨酸,产生靛基质(吲哚),靛基质与对二甲基氨基苯甲醛结合,形成玫瑰色靛基质(红色化合物),为阳性结果。

硫化氢试验:某些细菌可以分解含硫有机化合物(如半胱氨酸)产生硫化氢,硫化氢遇培养基中的铅盐(或铁盐)等形成黑色的硫化铅或硫化铁沉淀。

尿素琼脂(pH 7.2)试验:有些细菌能产生尿素酶,将尿素分解,产生 2 个分子的氨,使培养基变为碱性,酚红呈粉红色(尿素酶阳性)。尿素酶不是诱导酶,因为不论底物尿素是否存在,细菌均能合成此酶,其活性最适 pH 为 7.0。

氰化钾试验:氰化钾是细菌呼吸酶系统的抑制剂,可与呼吸酶作用使酶失去活性,抑制细菌的生长(结果为阴性),但有的细菌在一定浓度的氰化钾存在时仍能生长,以此鉴别细菌(结果为阳性)。

(三)材料

1. 菌种和食品检样

产不耐热肠毒素(LT)和产耐热肠毒素(ST)大肠埃希氏菌阳性菌株 ATCC 35401、不产肠毒素阴性对照菌株 ATCC 25922、食品检样。

2. 试剂和培养基

革兰氏染色液、氧化酶试剂、鉴定试剂盒。

营养肉汤、肠道菌增菌肉汤、麦康凯琼脂、伊红美蓝琼脂(EMB)、三糖铁琼脂(TSI)或克氏双糖铁琼脂(KI)、尿素琼脂(pH 7.2)、氰化钾培养基、蛋白胨水、靛基质试剂、半固体琼脂、Honda 氏产毒肉汤、Elek 氏培养基。

3. 动物和血清

14 日龄小白鼠、致病性大肠埃希氏菌诊断血清、侵袭性大肠埃希氏菌诊断血清、产肠毒素大肠埃希氏菌诊断血清、肠道出血性大肠埃希氏菌诊断血清、肠道集聚性大肠埃希氏菌诊断血清、产肠毒素大肠埃希氏菌 LT 和 ST 酶标诊断试剂盒、抗 LT 抗毒素。

4. 仪器及其他用品

天平、均质器或研钵、恒温箱(36±1)℃、水浴锅、显微镜、离心机、酶标仪、细菌浓度比浊管、灭菌广口瓶、灭菌三角烧瓶、灭菌平皿、灭菌试管、灭菌吸管、灭菌橡胶乳头、灭菌载玻片、灭菌金属匙或玻璃棒、灭菌接种棒、灭菌试管架、灭菌注射器、灭菌的刀子、灭菌剪子、灭菌镊子、灭菌硝酸纤维素滤膜。

(四)流程

致泻大肠埃希氏菌的检验流程如图 24-1 所示。

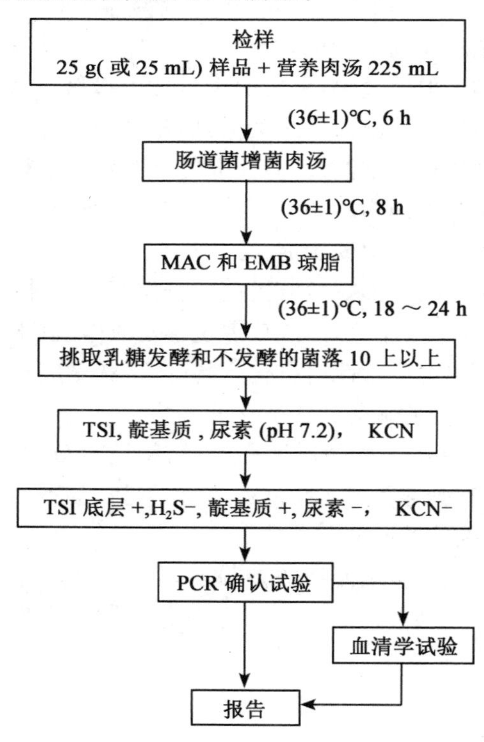

图 24-1　致泻大肠埃希氏菌的检验流程

(五)方法与步骤

1. 增菌

样品采集后应尽快检验。以无菌操作称取检样 25 g，加在 225 mL 营养肉汤中，以均质器打碎 1 min 或用研钵加灭菌砂磨碎。将制备的样品匀液于(36±1)℃培养 6 h。吸取 10 μL，接种于 1 管 30 mL 肠道菌增菌肉汤内，于 42℃培养 18 h。

2. 分离

将增菌液分别划线接种麦康凯或伊红美蓝琼脂平板，于(36±1)℃培养 18～24 h，观察菌落特征。在 MAC 琼脂平板上，分解乳糖的典型菌落为砖红色至桃红色，不分解乳糖的菌落为无色或淡粉色；在 EMB 琼脂平板上，分解乳糖的典型菌落为中心紫黑色带或不带金属光泽，不分解乳糖的菌落为无色或淡粉色。

3. 生化试验

选取平板上可疑菌落 10～20 个(10 个以下全选)，应挑取乳糖发酵，以及乳糖不发酵和迟缓发酵的菌落，分别接种三糖铁(TSI)或克氏双糖铁琼脂(KI)。同时将这些培养物分别接种蛋白胨水、pH 7.2 尿素琼脂、KCN 肉汤培养基。以上培养物均于 36℃培养 18～24 h。

TSI 斜面产酸或不产酸，底层产酸，靛基质阳性，H_2S 阴性，KCN 阴性和尿素酶阴性的培养物为大肠埃希氏菌。TSI 底层不产酸或 H_2S、KCN、尿素有任一项为阳性的培养物，均非大肠埃希氏菌。必要时做氧化酶试验或革兰氏染色镜检。大肠埃希氏菌为革兰氏阴性杆菌，氧化酶阴性。

4. PCR 确认试验

①取生化反应符合大肠埃希氏菌特征的菌落进行 PCR 确认试验。

②使用 1 μL 接种环刮取营养琼脂平板或斜面上培养 18～24 h 的菌落，悬浮在 200 μL 0.85%灭菌生理盐水中，充分打散制成菌悬液，于 13 000 r/min 离心 3 min，弃掉上清液。加入 1 mL 灭菌去离子水充分混匀菌体，于 100℃水浴或者金属浴维持 10 min；冰浴冷却后，13 000 r/min 离心 3 min，收集上清液；按 1∶10 的比例用灭菌去离子水稀释上清液，取 2 μL 作为 PCR 检测的模板；所有处理后的 DNA 模板直接用于 PCR 反应或暂存于 4℃并当天进行 PCR 反应；否则，应在－20℃以下保存备用(1 周内)。也可用细菌基因组提取试剂盒提取细菌 DNA，操作方法按照细菌基因组提取试剂盒说明书进行。

③每次 PCR 反应使用 EPEC、EIEC、ETEC、STEC/EHEC、EAEC 标准菌株作为阳性对照。同时，使用大肠埃希氏菌 ATCC 25922 或等效标准菌株作为阴性对照，以灭菌去离子水作为空白对照，控制 PCR 体系污染。致泻大肠埃希氏菌特征性基因见表 24-1。

④PCR 反应体系配制。每个样品初筛需配置 12 个 PCR 扩增反应体系，对应检测 12 个目标基因，具体操作如下：使用 TE 溶液(pH 8.0)将合成的引物干粉稀释成 100 μmol/L 贮存液。根据表 24-2 中每种目标基因对应 PCR 体系内引物的终浓度，使用灭菌去离子水配制 12 种目标基因扩增所需的 10×引物工作液(以 *uid* A 基因为例，见表 24-3)。将 10×引物工作液、10×PCR 反应缓冲液、25 mmol/L $MgCl_2$、2.5 mmol/L dNTPs、灭菌去离子水从－20℃冰箱中取出，融化并平衡至室温，使用前混匀；5 U/μL Taq 酶在加样前从－20℃冰箱中取出。每个样品按照表 24-4 的加液量配制 12 个 25 μL 反应体系，分别使用 12 种目标基因对应的 10×引物工作液。

表 24-1　5 种致泻大肠埃希氏菌特征基因

致泻大肠埃希氏菌类别	特征性基因	
EPEC	*escV* 或 *eae*、*bfpB*	*uidA*
STEC/EHEC	*escV* 或 *eae*、*stx*1、*stx*2	
EIEC	*invE* 或 *ipaH*	
ETEC	*lt*、*stp*、*sth*	
EAEC	*astA*、*aggR*、*pic*	

注：*escV*：蛋白分泌物调节基因，gene encoding LEE-encoded type Ⅲ secretion system factor；*eae*：紧密素基因，geneencoding intimin for *Escherichia coli* attaching and effacing；*bfpB*：束状菌毛 B 基因，bundle-forming pilus B；*stx*1：志贺毒素Ⅰ基因，Shiga toxin one；*stx*2：志贺毒素Ⅱ基因，Shiga toxin two；*invE*：侵袭性质粒调节基因，invasive plasmid regulator；*ipaH*：侵袭性质粒抗原 H 基因，invasive plasmid antigen H-gene；*lt*：热不稳定性肠毒素基因，heat-labile enterotoxin；*stp*(stIa)：猪源热稳定性肠毒素基因，heat-stable enterotoxin sinitially discovered in the isolates from pigs；*sth*(stIb)：人源热稳定性肠毒素基因，heat-stable enterotoxins initially discovered in the isolates from human；*astA*：集聚热稳定性毒素 A 基因，enteroaggregative heat-stable enterotoxin A；*aggR*：集聚黏附菌毛调节基因，aggregative adhesive fimbriae regulator；*pic*：肠定植因子基因，protein involved in intestinal colonization；*uidA*：β-葡萄糖苷酶基因，β-glucuronidase gene。

表 24-2　5 种致泻大肠埃希氏菌目标基因引物序列及每个 PCR 体系内的终浓度[c]

引物名称	引物序列[c]	菌株编号及对应 Genbank 编码	引物所在位置	终浓度(*n*)/(μmol/L)	PCR 产物长度/bp
uidA-F	5′-ATG CCA GTC CAG CGT TTT TGC-3′	*Escherichia coli* DH1Ec169(accessionno. CP012127.1)	1673870—1673890	0.2	1 487
uidA-R	5′-AAA GTG TGG GTC AAT AAT CAG GAA GTG-3′		1675356—1675330	0.2	
escV-F	5′-ATT CTG GCT CTC TTC TTC TTT ATG GCT G-3′	*Escherichia coli* E2348/69(accessionno. FM180568.1)	4122765—4122738	0.4	544
escV-R	5′-CGT CCC CTT TTA CAA ACT TCA TCG C-3′		4122222—4122246	0.4	
eae-F[a]	5′-ATT ACC ATC CAC ACA GAC GGT-3′	EHEC (accessionno. Z11541.1)	2651—2671	0.2	397
eae-R[a]	5′-ACA GCG TGG TTG GAT CAA CCT-3′		3047—3027	0.2	
bfpB-F	5′-GAC ACC TCA TTG CTG AAG TCG-3′	*Escherichia coli* E2348/69 (accessionno. FM180569.1)	3796—3816	0.1	910
bfpB-R	5′-CCA GAA CAC CTC CGT TAT GC-3′		4702—4683	0.1	
*stx*1-F	5′-CGA TGT TAC GGT TTG TTA CTG TGA CAG C-3′	*Escherichia coli* EDL933(accessionno. AE005174.2)	2996445—2996418	0.2	244
*stx*1-R	5′-AAT GCC ACG CTT CCC AGA ATT G-3′		2996202—2996223	0.2	
*stx*2-F	5′-GTT TTG ACC ATC TTC GTC TGA TTA TTG AG-3′	*Escherichia coli* EDL933(accessionno. AE005174.2)	1352543—1352571	0.4	324
*stx*2-R	5′-AGC GTA AGG CTT CT-GCTG TGA C-3′		1352866—1352845	0.4	

续表24-2

引物名称	引物序列[c]	菌株编号及对应Genbank编码	引物所在位置	终浓度(n)/(μmol/L)	PCR产物长度/bp
lt-F	5′-GAA CAG GAG GTT TCT GCG TTA GGT G-3′	*Escherichia coli* E24377A (accessionno. CP000795.1)	17030—17054	0.1	655
lt-R	5′-CTT TCA ATG GCT TTTTTT TGG GAG TC-3′		17684—17659	0.1	
stp-F	5′-CAG GCA GGA TTA CAA CAA AGT TCA CAG-3′	*Escherichia coli* EC2173 (accessionno. AJ555214.1)/// *Escherichia coli* F7682(accessionno. AY342057.1)	1979—1950///14—43	0.4	157
stp-R	5′-CAG GCA GGA TTA CAA-CAA AGT TCA CAG-3′		1823—1849///170—144	0.4	
sth-F	5′-TGT CTT TTT CAC CTT TCG CTC-3′	*Escherichia coli* E24377A (accessionno. CP000795.1)	11389—11409	0.2	171
sth-R	5′-CGG TAC AAG CAG GAT TAC AAC AC-3′		11559—11537	0.2	
invE-F	5′-CGA TAG ATG GCG AGA AAT TAT ATC CCG-3′	*Escherichia coli* serotype O164 (accessionno. AF283289.1)	921—895	0.2	766
invE-R	5′-CGA TCA AGA ATC CCT AAC AGA AGA ATC AC-3′		156—184	0.2	
ipaH-F[b]	5′-TTG ACC GCC TTT CCG ATA CC-3′	*Escherichia coli* 53638 (accessionno. CP001064.1)	11471—11490	0.1	647
ipaH-R[b]	5′-ATC CGC ATC ACC GCT CAG AC-3′		12117—12098	0.1	
aggR-F	5′-ACG CAG AGT TGC CTG ATA AAG-3′	*Escherichia coli* enteroaggregative 17-2(accessionno. Z18751.1)	59—79	0.2	400
aggR-R	5′-AAT ACA GAA TCG TCA GCA TCA GC-3′		458—436	0.2	
pic-F	5′-AGC CGT TTC CGC AGA AGC C-3′	*Escherichia coli* 042 (accessionno. AF097644.1)	3700—3682	0.2	1111
pic-R	5′-AAA TGT CAG TGA ACC GAC GAT TGG-3′		2590—2613	0.2	
astA-F	5′-TGC CAT CAA CAC AGT ATA TCC G-3′	*Escherichia coli* ECOR33(accession no. AF161001.1)	2—23	0.4	102
astA-R	5′-ACG GCT TTG TAG TCC TTC CAT-3′		103—83	0.4	
16*Sr DNA*-F	5′-GGA GGC AGC AGT GGG AAT A-3′	*Escherichia coli* strain ST2747 (accessionno. CP007394.1)	149585—149603	0.25	1 062
16*Sr DNA*-R	5′-TGA CGG GCG GTG TGT ACA AG-3′		150645—150626	0.25	

[a] *escV* 和 *eae* 基因选作其中一个；[b] *invE* 和 *ipaH* 基因选作其中一个；[c]表中不同基因的引物序列可采用可靠性验证的其他序列代替。

表 24-3 每种目标基因扩增所需 10×引物工作液配制表

引物名称	体积/μL
100 μmol/L *uidA*-F	10×*n*
100 μmol/L *uidA*-R 10×*n*	10×*n*
灭菌去离子水	100－2×(10×*n*)
总体积	100

注：*n*——每条引物在反应体系内的终浓度(详见表 24-2)。

表 24-4 5 种致泻大肠埃希氏菌目标基因扩增体系配制表

试剂名称	加样体积/μL
灭菌去离子水	12.1
10×PCR 反应缓冲液	2.5
25 mmol/L $MgCl_2$	2.5
2.5 mmol/L dNTPs	3.0
10×引物工作液	2.5
5 U/μL Taq 酶	0.4
DNA 模板	2.0
总体积	25

⑤PCR 循环条件。预变性 94℃ 5 min；变性 94℃ 30 s，复性 63℃ 30 s，延伸 72℃ 1.5 min，30 个循环；72℃延伸 5 min。将配制完成的 PCR 反应管放入 PCR 仪中，核查 PCR 反应条件正确后，启动反应程序。

⑥电泳。称量 4.0 g 琼脂糖粉，加入至 200 mL 的 1×TAE 电泳缓冲液中，充分混匀。使用微波炉反复加热至沸腾，直到琼脂糖粉完全熔化形成清亮透明的溶液。待琼脂糖溶液冷却至 60℃左右时，加入溴化乙锭(EB)至终浓度为 0.5 μg/mL，充分混匀后，轻轻倒入已放置好梳子的模具中，凝胶长度要大于 10 cm，厚度宜为 3～5 mm。检查梳齿下或梳齿间有无气泡，用一次性吸头小心排掉琼脂糖凝胶中的气泡。当琼脂糖凝胶完全凝结硬化后，轻轻拔出梳子，小心将胶块和胶床放入电泳槽中，样品孔放置在阴极端。向电泳槽中加入 1×TAE 电泳缓冲液，液面高于胶面 1～2 mm。将 5 μL PCR 产物与 1 μL 6×上样缓冲液混匀后，用微量移液器吸取混合液垂直伸入液面下胶孔，小心上样于孔中；阳性对照的 PCR 反应产物加入到最后一个泳道；第一个泳道中加入 2 μL 分子量 Marker。接通电泳仪电源，根据公式：电压＝电泳槽正负极间的距离(cm)×5 V/cm 计算并设定电泳仪电压数值；启动电压开关，电泳开始以正负极铂金丝出现气泡为准。电泳 30～45 min 后，切断电源。取出凝胶放入凝胶成像仪中观察结果，拍照并记录数据。

⑦结果判定。电泳结果中空白对照应无条带出现，阴性对照仅有 *uid* A 条带扩增，阳性对照中出现所有目标条带，PCR 试验结果成立。根据电泳图中目标条带大小，判断目标条带的种类，记录每个泳道中目标条带的种类，在表 24-5 中查找不同目标条带种类及组合所对应的致泻大肠埃希氏菌类别。

表 24-5　5 种致泻大肠埃希氏菌目标条带与型别对照表

致泻大肠埃希氏菌类别	目标条带的种类组合	
EAEC	*aggR*，*astA*，*pic* 中一条或一条以上阳性	*uidA*[c]（＋/－）
EPEC	*bfpB*（＋/－），*escV*[a]（＋），*stx*1（－），*stx*2（－） *escV*[a]（＋/－），*stx*1（＋），*stx*2（－），*bfpB*（－）	
STEC/EHEC	*escV*[a]（＋/－），*stx*1（－），*stx*2（＋），*bfpB*（－） *escV*[a]（＋/－），*stx*1（＋），*stx*2（＋），*bfpB*（－）	
ETEC	*lt*，*stp*，*sth* 中一条或一条以上阳性	
EIEC	*invE*[b]（＋）	

[a]在判定 EPEC 或 SETC/EHEC 时，*escV* 与 *eae* 基因等效；[b]在判定 EIEC 时，*invE* 与 *ipaH* 基因等效。[c]97％以上大肠埃希氏菌为 *uidA* 阳性。

4. 血清学试验

(1)假定试验　挑取经生化试验和 PCR 试验证实为致泻大肠埃希氏菌的琼脂平板上的菌落，根据致泻大肠埃希氏菌的类别，选用大肠埃希氏菌单价或多价 OK 血清做玻片凝集试验。当与某一种多价 OK 血清凝集时，再与该多价血清所包含的单价 OK 血清做凝集试验。致泻大肠埃希氏菌所包括的 O 抗原群见表 24-6。如与某一单价 OK 血清呈现凝集反应，即为假定试验阳性。

表 24-6　致泻大肠埃希氏菌主要的 O 抗原

致泻大肠埃希氏菌类别	致泻大肠埃希氏菌类别主要的 O 抗原
EPEC	O26 O55 O86 O111ab O114 O119 O125ac O127 O128ab O142 O158 等
STEC/EHEC	O4 O26 O45 O91 O103 O104 O111 O113 O121 O128 O157 等
EIEC	O28ac O29 O112ac O115 O124 O135 O136 O143 O144 O152 O164 O167 等
ETEC	O6 O11 O15 O20 O25 O26 O27 O63 O78 O85 O114 O115 O128ac O148 O149 O159 O166 O167 等
EAEC	O9 O62 O73 O101 O134 等

(2)证实实验　用 0.85％灭菌生理盐水制备 O 抗原悬液，稀释至与 MacFarland 3 号比浊管相当的浓度。原效价为 1∶(160～320)的 O 血清，用 0.5％盐水稀释至 1∶40。稀释血清与抗原悬液在 10 mm×75 mm 试管内等量混合，做试管凝集试验。混匀后放于 50℃水浴箱内，经 16 h 后观察结果。如出现凝集，可证实为该 O 抗原。

5. 肠毒素试验

(1)酶联免疫吸附试验检测 LT 和 ST

①产毒培养。将试验菌株和阳性及阴性对照菌株分别接种于 0.6 mL CAYE(在肠毒试剂内，如无，可用 Honda 氏产毒肉汤)培养基内，于 37℃振荡培养过夜。加入 20 000 IU/mL 的多黏菌素 B 0.05 mL，于 37℃培养 1 h，4 000 r/min 离心 15 min，分离上清液，加入 0.1％硫柳汞 0.05 mL，于 4℃保存待用。

②LT 检测方法(双抗体夹心法)。

包被:先在产肠毒素大肠埃希氏菌 LT 和 ST 酶标诊断试剂盒中取出包被用 LT 抗体管,加入包被液 0.5 mL,混匀后全部吸出于 3.6 mL 包被液中混匀,以每孔 100 μL 量加入到 40 孔聚苯乙烯硬反应板中,第一孔留空作对照,于 4℃冰箱湿盒中过夜。

洗板:将板中溶液甩去,用洗涤液Ⅰ洗 3 次,甩尽液体,翻转反应板,在吸水纸上拍打,去尽孔中残留液体。

封闭:每孔加 100 μL 封闭液,于 37℃水浴 1 h。

洗板:用洗涤液Ⅱ洗 3 次,操作同上。

加样本:每孔分别加多种试验菌株产毒培养液 100 μL,于 37℃水浴 1 h。

洗板:用洗涤液Ⅱ洗 3 次,操作同上。

加酶标抗体:先在酶标 LT 抗体管中加 0.5 mL 稀释液,混匀后全部吸出于 3.6 mL 稀释液中混匀,每孔加 100 μL,于 37℃水浴 1 h。

洗板:用洗涤液Ⅱ洗 3 次,操作同上。

酶底物反应:每孔(包括第一孔)各加基质液 100 μL,室温下避光作用 5～10 min,加入终止液 50 μL。

结果判定:以酶标仪在波长 492 nm 下测定 OD 值,待测标本 OD 值大于阴性对照 3 倍以上为阳性,目测颜色为橘黄色或明显高于阴性对照为阳性。

③ST 检测方法(抗原竞争法)。

包被:先在包被用 ST 抗原管中加 0.5 mL 包被液,混匀后全部吸出于 1.6 mL 包被液中混匀,以每孔 50 μL 加入 40 孔聚苯乙烯软反应板中。加液后轻轻敲板,使液体布满孔底。第一孔留空作对照,置于 4℃冰箱湿盒中过夜。

洗板:用洗涤液Ⅰ洗 3 次,操作同上。

封闭:每孔加 100 μL 封闭液,37℃水浴 1 h。

洗板:用洗涤液Ⅱ洗 3 次,操作同上。

加样本及 ST 单克隆抗体(鼠源性):每孔分别加各试验菌株产毒培养液 50 μL、稀释的 ST 单克隆抗体 50 μL(先在 ST 单克隆抗体管中加 0.5 mL 稀释液,混匀后全部吸出于 1.6 mL 稀释液中混合),于 37℃水浴 1 h。

洗板:用洗涤液Ⅱ洗 3 次,操作同上。

加酶标记免抗鼠 Ig 复合物:先在酶标记免抗鼠 Ig 复合物管中加 0.5 mL 稀释液,混匀后全部吸出于 3.6 mL 稀释液中混匀,每孔加 100 μL,于 37℃水浴 1 h。

洗板:用洗涤液Ⅱ洗 3 次,操作同上。

酶底板反应:每孔(包括第一孔)各加基质液 100 μL,室温下避光 5～10 min,再加入终止液 50 μL。

结果判定:以酶标仪在波长 492 nm 下测定 OD 值。

$$抑制率=\frac{阴性对照\ OD\ 值-待测样品\ OD\ 值}{阴性对照\ OD\ 值}\times 100\%$$

抑制率≥50%为阳性,目测无色或明显淡于阴性对照为阳性(或参照检测试剂盒结果判定方法)。

(2)双向琼脂扩散试验检测 LT　将被检菌株按 5 点环形接种于 Elek 氏培养基上。以同样操作,共做 2 份,于 36℃培养 48 h。在每株菌苔上放多黏菌素 B 纸片,于 36℃经 5～6 h,使肠毒素渗入琼脂中,在距 5 点环形菌苔各 5 mm 处的中央,挖一个直径 4 mm 的圆孔,并用 1 滴琼脂垫底。在平板的中央孔内滴加 LT 抗毒素 30 μL,用已知产 LT 和不产毒菌作对照,经 15～20 h 观察结果。在菌斑和抗毒素孔之间出现白色沉淀带者为阳性,无沉淀带者为阴性。

(3)乳鼠灌胃试验检测 ST　将被检菌株接种于 Honda 氏产毒肉汤内,于 36℃培养 24 h,以 3 000 r/min 离心 30 min,取上清液经薄膜滤器过滤,加热 60℃,30 min,每毫升滤液内加入 2%伊文思蓝溶液 0.02 mL。将此滤液用塑料小管注入 14 日龄的乳鼠胃内 0.1 mL,同时接种 3 或 4 只,禁食 3～4 h 后用三氯甲烷麻醉,取出全部肠管,称量肠管(包括积液)质量及剩余体质量。肠管质量与剩余体质量之比大于 0.09 为阳性,0.07～0.09 为可疑。

(六)结果

(1)通过实验,有否检出致病性大肠埃希氏菌?

(2)综合以上生化试验、血清学试验、肠毒素试验作出报告。

思考题

1. 致泻大肠埃希氏菌有哪几种? 主要引起哪几种症状的疾病?
2. 怎样预防致泻大肠埃希氏菌引起的食物中毒?
3. 致泻大肠埃希氏菌的检验程序是什么?

实验二十五　微生物的微量简易诊测系统

(一)目的

(1)理解微量简易诊测系统的原理。

(2)学习使用 E-15 系统的方法。

(3)了解细菌学诊测新技术。

(二)原理

各种不同的脱水试验培养基和指示剂被吸附在滤纸片上或直接加入特殊的分隔室内,构成微量生化诊检卡,加入某一试验菌液,培养后即能得到反应结果,可用来对试验菌进行诊断与鉴定。

国际上广泛使用的有 API-20E 系统(Analytab Products Inc.),它有 20 个塑料分隔室,即含有 20 种不同的脱水培养基,每 1 个分隔室可进行 1 种生化反应,个别室可进行 2 种生化反应,主要用来鉴定肠杆菌科细菌。

国内研制的 E-15 系统,有 15 个分隔室,各含 1 种供不同生化反应的脱水试验培养基,也是一种微量生化鉴定肠道菌的简易试验系统。目前还有许多诊测其他微生物的微量简易诊测系统。它们与常规的生化反应鉴定方法比较,具有快速、准确、重复性好、操作简易和在人力、物力、时间、空间以及经济上节约等优点,它是微生物学快速和自动化诊断、检查和鉴定发展方向的一个重要方面,在微生物学实验室内也将取得更广泛的应用。E-15 系统由生化诊检卡、标准色板、编码检索表等组成,它可鉴定肠杆菌科中 14 个属 41 个种。

(三)材料

1. 菌种

大肠埃希氏菌(*Escherichia coli*)。

2. 器具

E-15 系统生化诊检卡、标准色板、编码检索表、无菌毛细滴管。

3. 试剂

伏-普(V.P)试验试剂、硝酸盐反应试剂、0.5% NaCl 灭菌盐水(pH 6.4～6.8)、液体石蜡等。

(四)方法与步骤

1. 制菌液

接种大肠埃希氏菌于 5 mL 0.5% NaCl 溶液中,制成每毫升含 5×10^{8}～1×10^{9} CFU/mL 细菌的菌液,混合均匀。

2. 标记卡

将密封包装打开,取出 E-15 生化诊检卡,标明试验菌株、日期和试验者。

3. 接种

用无菌毛细滴管吸取大肠埃希氏菌菌液,沿分隔室内壁缓缓加入各分隔室,避免形成气泡,如果形成了气泡,则轻轻摇动使其除去。如果要做氧化发酵试验,则需要在一葡萄糖底物的分隔室中加入液体石蜡,使其封盖菌液面。

4. 培养

将接种的 E-15 生化诊检卡放入装有水的培养盒中或浅碟上，置于 37℃培养。

5. 比色

培养 24 h 后，在 V. P 和硝酸盐分隔室内分别加入 1 滴 V. P 反应试剂和硝酸盐反应试剂，V. P 试验需在加入反应试剂后 20～30 min 时再观察结果。根据 E-15 试验项目的变化范围(表 25-1)，对照 E-15 鉴定标准色板，观察各项生化反应的变色情况，确定它们是阳性反应或阴性反应，即各项生化反应结果。

表 25-1　E-15 的实验项目和变色范围

项目名称	代号	阳性反应	阴性反应
乙酰甲基甲醇试验	V. P	橙红→红色	黄色
硝酸盐还原	N	红色	无色或淡粉色
苯丙氨酸脱氨酶	PD	绿→黑绿色	黄色或褐色
硫化氢	H_2S	黑色沉淀	黄色或淡褐色
靛基质试验	I	指示片部分至全部变桃红色	不变色
鸟氨酸脱羧酶	OD	暗灰→紫色	黄色
赖氨酸脱羧酶	LD	暗灰→紫色	黄色
丙二酸盐利用	M	深绿→蓝色	黄色或浅绿色
尿素酶	U	红→红紫色	黄色或橙黄色
七叶苷	E	浅黑→黑色	黄褐色或无色
β-半乳糖苷	ONPG	浅黄→深黄色	无色
阿拉伯胶糖	ARAB	浅绿→黄色	深绿色
侧金盏花醇	ADON	浅绿→黄色	深绿色
肌醇	INOS	浅绿→黄色	深绿色
山梨醇	SORB	浅绿→黄色	深绿色
氧化发酵试验	O/F	浅绿→黄色	深绿色
氧化酶试验	OX	红→深紫色	不变

6. 检索

根据各项生化反应结果，按记录编码表的顺序，把 3 个生化试验编为一组，其顺序代号分别是 4，2，1 这 3 个数字，凡结果阳性者记“＋”，阴性者记“－”。15 种生化反应编为 5 组，将每组生化反应阳性者的代号数相加即得编码数，全阳性编码为 7，全阴性编码为 0，这样就形成了 5 位数字的编码。具体编码如下：

V. P	N	PD	H_2S	I	OD	LD	M	U
4	2	1	4	2	1	4	2	1

E	ONPG	ARAB	ADON	INOS	SORB
4	2	1	4	2	1

举例说明(表 25-2)：

表 25-2　实验结果编码表

试验	V.P	N	PD	H_2S	I	OD	LD	M	U	E	ONPG	ARAB	ADON	INOS	SORB
代号	4	2	1	4	2	1	4	2	1	4	2	1	4	2	1
结果	−	+	−	+	−	+	+	−	−	−	−	+	−	+	+
编码	2			5			4			1			3		

查阅微量快速生化鉴定编码检索表 25413 栏，便可得到沙门氏菌概率为 99.9%。

7.氧化发酵试验

氧化发酵试验结果判定见表 25-3。

表 25-3　氧化发酵试验结果判定

底物	不加液体石蜡	加液体石蜡	结果
葡萄糖	+	+	发酵型
葡萄糖	+	−	氧化型
葡萄糖	−	−	产碱型

(五)结果

(1)将结果填入 E-15 编码记录表中。

(2)查表判定结果：根据所得的编码，查 E-15 编码检索表，得到试验菌株的分类答案。也可将试验所得的编码进行计算机检索，打印出判定结果，即试验菌株的鉴定答案。

思考题

1.根据试验结果，你认为微量简易诊检系统有什么优点？

2.微量简易诊检系统有什么不足之处？

第三章

发酵微生物学实验

党的二十大报告提出人民健康是民族昌盛和国家强盛的重要标志。把保障人民健康放在优先发展的战略位置，完善人民健康促进政策。学习《食品微生物学实验技术》的另一项任务就是利用有益微生物发酵生产广大人民群众喜爱的健康、营养、美味的食品，这也是食品微生物学研究的重要内容。

实验二十六　生牛乳自然发酵过程中微生物菌相的变化

(一)目的

(1)了解牛乳自然发酵过程中微生物菌相的变化过程。

(2)了解酸牛乳的制作原理。

(二)原理

刚采集的生牛乳含有的细菌数量并不多。但是,由于牛乳的成分适合多种细菌生长,因此在温度适宜的条件下,细菌繁殖很快,而且菌相出现交替演变的现象。一般刚采集的生牛乳的pH是中性,含有丰富的乳糖,有利于生牛乳中自然存在的乳酸细菌,例如乳链球菌(*Streptococcus lactis*)很快地繁殖。它们发酵乳糖产生乳酸,使牛乳的pH降低,并引起蛋白质凝结成乳酪状。低pH最终也抑制了乳链球菌的繁殖,被能耐受更低pH的菌种乳杆菌(*Lactobacillus*)所代替,它们完成乳糖发酵,并使pH进一步降低。在这种低pH下酵母菌利用乳酸而生长。随着乳糖和乳酸的减少,pH上升,大部分假单胞菌(*Pseudomonas*)和芽孢杆菌(*Bacillus*)生长繁殖,它们产生的蛋白酶开始分解凝结了的牛乳蛋白质,当蛋白质被利用时,牛奶的分解基本完成。

生牛乳的这种生态学演变的自然过程中,原始细菌的活动为以后的细菌创造了有利的生化条件,因而能观察到一个微生物群体接替另一个微生物群体的一系列菌相演变。自然界其他微生物也会发生菌相的演变过程。

本实验将生牛乳原始样品和培养在30℃下的样品,定时取样分别测其pH并涂片,进行革兰氏染色,油镜下观察主要细胞的形态、排列、革兰氏染色结果以及单个视野中的平均细菌数。每次涂片均取1接种环,涂抹载玻片约2.5 cm^2 面积。

(三)材料

1. 样品

生牛乳样品装入三角烧瓶内,约1/2瓶。

2. 试剂

革兰氏染色液、二甲苯等。

3. 仪器及其他用品

中性到酸性的pH试纸、载玻片、盖玻片、显微镜等。

(四)方法与步骤

1. 混匀样品

旋转装牛乳的三角烧瓶,使样品充分混匀。

2. 测pH

用灭菌滴管或吸管以无菌操作取1滴牛乳或牛乳发酵液,放在pH试纸上,比色,记录。

3. 制作涂片

用无菌操作取满1环牛乳,在玻片上均匀涂抹2.5 cm^2 面积(可先在纸上画2.5 cm^2 的方格,然后将玻片放在纸上),玻片标明日期。

4. 贮存涂片

玻片放空气中干燥。贮存在一有盖盒内，待整个实验的所有涂片制成后一起进行 7. 及以后的步骤或每片先进行 7. 步骤，再贮存，待所有玻片制成后再进行 8. 及以后的步骤。

5. 保温培养

牛乳样品放于 30℃温箱内培养。整个实验（约需 10 d）均需在此温度下培养。

6. 循环实验（测 pH 与涂片）

每 2 d 重复取样测 pH 和制作涂片。每次制作涂片用同一接种环，取同样的量。直至牛乳完成变酸过程和开始腐败为止。

7. 处理涂片

所有涂片都用二甲苯处理约 1 min，以除去牛乳的脂肪，干燥后，火焰固定。

8. 革兰氏染色

参见本教材实验二中二、革兰氏染色法进行。

9. 观察计数

油镜下观察，数几个视野的主要类型的细菌数，计算每一视野的平均数，描写细菌类型，注明形态、大小以及排列等性状。

（五）结果

1. 记录

记录每次测得的 pH 和描写涂片中所观察到的细菌，并根据描写的细菌情况对照所介绍的各个时期的细菌特点，鉴别细菌类型。最后计算每一类型细菌在油镜下平均每视野的近似数（表 26-1）。

表 26-1　细胞情况观察记录

时间	pH	描写微生物类型	每视野的近似数

2. 画曲线

用表 26-1 数据画曲线。

①pH 曲线：在取样日期的垂直线与右面纵轴 pH 的水平线的交叉处画点，然后用连续线（——）连接各点。

②各细菌的曲线：以取样日期与左面各类型细菌的每视野平均数画交叉点，然后按各菌的标记连接各点画曲线。

思考题

1. 用自己的实验结果说明细菌在牛乳的自然生态演变中是如何改变其环境的，又是如何依次影响有关细菌的？

2. 经巴氏法消毒过的牛乳通过自然发酵，能否得到与生牛乳自然演变过程的同样结果？为什么？

实验二十七　糖化曲的制备及其酶活力的测定

(一)目的

(1)学习制作糖化曲的方法。

(2)掌握糖化酶活力的测定原理和方法。

(二)原理

1. 淀粉糖化为可发酵性糖

思政二维码
中国酒曲的起源

糖化曲是发酵工业中普遍使用的淀粉糖化剂。种类很多,如大曲、小曲、麦曲和麸曲等。曲中菌类复杂,曲霉菌是酒精和白酒生产中常用的糖化菌,含有许多活性强的糖化酶,能把原料中的淀粉转变成可发酵性糖,生产中应用最广的是黑曲霉。黑曲霉是好气性菌,生长时需要有足够的空气。因此,在制备固体曲时,除供给其生长繁殖必需的营养、温度和湿度外,还必须进行适当的通风,以供给曲霉呼吸用氧。

2. 糖化酶活力的测定

固体曲糖化酶活力的测定,采用可溶性淀粉为底物,在一定的 pH 与温度条件下,使之水解为葡萄糖,以斐林试剂快速法测定。斐林试剂由甲液和乙液组成,甲液为硫酸铜溶液,乙液为氢氧化钠与酒石酸钾钠溶液。平时甲、乙液分别贮存,测定时,二者等体积混合。混合时硫酸铜与氢氧化钠反应,生成氢氧化铜沉淀,沉淀与酒石酸钾钠反应,生成酒石酸钾钠铜络合物,使氢氧化铜溶解。酒石酸钾钠铜络合物中二价铜是一个氧化剂,能使还原糖中的羰基氧化,而二价铜被还原成一价的氧化亚铜沉淀。

反应终点用次甲基蓝指示剂显示。由于次甲基蓝氧化能力较二价铜弱,故待二价铜全部被还原后,过量 1 滴还原糖被次甲基蓝氧化,次甲基蓝本身被还原,溶液蓝色消失以示终点。

温度对糖化酶活力影响甚大,糖化温度一定要严格控制。反应在强碱性溶液沸腾情况下进行,产物极为复杂,为得到正确的结果,必须严格按操作规程进行。反应液的酸碱度要一致,要严格控制反应液的体积。反应时温度需一致,温度恒定后才加热,并控制在 2 min 内沸腾。滴定速度需一致(按 4～5 s 1 滴的速度进行)。反应产物中氧化亚铜极不稳定,易被空气所氧化而增加耗糖量。故滴定时不能随意摇动三角瓶,更不能从电炉上取下后再行滴定。

(三)材料

1. 菌种

AS3.4309 黑曲霉斜面试管菌。

2. 培养料

麸皮、稻皮。

3. 试剂

斐林试剂、0.1% 标准葡萄糖溶液、pH 4.6 的乙酸-乙酸钠缓冲液、可溶性淀粉溶液、0.1 mol/L NaOH 溶液。

4. 仪器及其他用品

恒温水浴箱、恒温培养箱、高压锅、瓷盘、试管、三角瓶、50 mL 比色管或容量瓶、酸式滴定管。

(四)流程

1. 麸曲制备

斜面试管菌→活化
↓
麸皮+水→拌料→润料→装瓶→灭菌→冷却→接种→培养→三角瓶种曲
↓
麸皮+水→拌料→蒸料→冷却→接种→装盘
↓
麸曲←晾干←培养

2. 糖化酶活力测定

麸曲浸出液→糖化液制备→定糖→糖化液测定→计算结果→记录

(五)方法与步骤

1. 糖化曲制备(以浅盘麸曲为例)

(1)菌种的活化　无菌操作取原试管菌 1 环接入察氏培养基斜面,或用无菌水稀释法接种,31℃保温培养 4～7 d,取出,备用。

(2)三角瓶种曲培养　称取一定量的麸皮,加入 70%～80%水,搅拌均匀,润料 1 h,装瓶,料厚 1.0～1.5 cm,包扎,在 0.1 MPa 压力下灭菌 30 min。冷却后接种,于 31～32℃培养,待瓶内麸皮已结成饼时,进行扣瓶,继续培养 3～4 d 即成熟。要求成熟种曲孢子稠密、整齐。

(3)糖化曲制备

①配料。称取一定量的麸皮,加入 5%稻皮,加入原料量 70%水,搅拌均匀。

②蒸料。圆气后蒸煮 40～60 min。时间过短,料蒸不透对曲质量有影响;时间过长,麸皮易发黏。

③接种。将蒸料冷却,打散结块,当料冷至 40℃时,接入 0.25%～0.35%(按干料计)三角瓶种曲,搅拌均匀,将其平摊在灭过菌的瓷盘中,料厚为 1～2 cm。

④前期管理。将接种好的料放入培养箱中培养,为防止水分蒸发过快,可在料面上覆盖灭菌纱布。这段时间为孢子膨胀发芽期,料醅不发热,控制温度 30℃左右。8～10 h,孢子已发芽,开始蔓延菌丝,控制品温 32～35℃。若温度过高,则水分蒸发过快,影响菌丝生长。

⑤中期管理。这时菌丝生长旺盛,呼吸作用较强,放热量大,品温迅速上升。应控制品温不超过 35～37℃。

⑥后期管理。这阶段菌丝生长缓慢,故放出热量少,品温开始下降,应降低湿度,提高培养温度,将品温提高到 37～38℃,以利于水分排出。这是制曲很重要的排潮阶段,对酶的形成和成品曲的保存都很重要。出曲水分应控制在 25%以下。总培养时间 24 h 左右。

⑦糖化曲感官鉴定。要求菌丝粗壮浓密,无干皮或"夹心",没有怪味或酸味,曲呈米黄色,孢子尚未形成,有曲清香味,曲块结实。

2. 糖化酶活力测定

(1)浸出液的制备　称取 5.0 g 固体曲(干重),置入 250 mL 烧杯中,加 90 mL 水和 10 mL pH 4.6 的乙酸-乙酸钠缓冲液,摇匀,于 40℃水浴中保温 1 h,每隔 15 min 搅拌 1 次。用脱脂棉过滤,滤液为 5%固体曲浸出液。

(2)糖化液的制备　吸取 2%可溶性淀粉溶液 25 mL,置入 50 mL 比色管中,于 40℃水浴预热 5 min。准确加入 5 mL 固体曲浸出液,摇匀,立即记下时间。于 40℃水浴准确保温糖化

1 h。而后迅速加入 0.1 mol/L 氢氧化钠溶液 15 mL,终止酶解反应。冷却至室温,用水定容至刻度,同时做一空白液。

空白液制备:吸取 2%可溶性淀粉 25 mL,置入 50 mL 比色管中,先加入 0.1 mol/L 氢氧化钠溶液 15 mL,然后准确加入 5%固体曲浸出液 5 mL,40℃水浴中准确保温 1 h 后用水定容至刻度。

(3)葡萄糖测定　空白液测定:吸取斐林试剂甲液、乙液各 5 mL,置入 150 mL 三角瓶中,加空白液 5 mL,并用滴定管预先加入适量的 0.1%标准葡萄糖溶液,使后期滴定时消耗 0.1%标准葡萄糖溶液在 1 mL 以内,加热至沸,立即用 0.1%标准葡萄糖溶液滴定至蓝色消失,此滴定操作在 1 min 内完成。

糖化液测定:准确吸取 5 mL 糖化液代替 5 mL 空白液,其余操作同上。

(4)计算　固体曲糖化酶活力定义:1 g 干重固体曲,40℃,pH 4.6,1 h 内水解可溶性淀粉为葡萄糖的质量(mg)。

$$\text{糖化酶活力}=(V_0-V)\times c\times\frac{50}{5}\times\frac{100}{5}\times\frac{1}{W}\times 1\,000$$

式中:V_0 为 5 mL 空白液消耗 0.1%标准葡萄糖溶液的体积,mL;V 为 5 mL 糖化液消耗 0.1%标准葡萄糖溶液的体积,mL;c 为标准葡萄糖溶液的质量浓度,g/mL;$\frac{50}{5}$为 5 mL 糖化液换算成 50 mL 糖化液中的糖量,g;$\frac{100}{5}$为 5 mL 浸出液换算成 100 mL 浸出液中的糖量,g;W 为干曲称取量,g;1 000 为 g 换算成 mg。

(六)结果

(1)记录制曲过程中观察到的现象。

(2)酶活力测定结果列表记录。

思考题

1. 固体曲和液体曲相比,各有何优缺点?
2. 糖化酶活力测定中应注意哪些因素?

实验二十八　噬菌体的检查及效价测定

(一)目的

(1)了解噬菌体效价的含义及其测定原理。

(2)学会检查噬菌体的方法。

(3)掌握用双层琼脂平板法测定噬菌体效价的技术。

(二)原理

噬菌体是一类专性寄生于细菌和放线菌等微生物的病毒,其个体形态极其微小,用常规微生物计数法无法测得其数量。当烈性噬菌体侵染细菌后会迅速引起敏感细菌裂解,释放出大量子代噬菌体,然后它们再扩散和侵染周围细胞,最终使含有敏感菌的悬液由浑浊逐渐变清,或在含有敏感细菌的平板上出现肉眼可见的空斑——噬菌斑。了解噬菌体的特性、快速检查、分离方法,并进行效价测定,对在生产和科研工作中防止噬菌体的污染具有重要意义。

噬菌体效价:每毫升试样中所含噬菌斑形成单位(plague-forming unit, PFU)或每毫升样品中所含具有感染性噬菌体的粒子数。效价的测定一般采用双层琼脂平板法。由于在含有特异宿主细菌的琼脂平板上,一般 1 个噬菌体产生 1 个噬菌斑,故可根据一定体积的噬菌体培养液所出现的噬菌斑数,计算出噬菌体的效价。此法所形成的噬菌斑的形态、大小较一致,且清晰度高,故计数比较准确,因而被广泛应用。

检样可以是发酵液、空气、污水、土壤等(至于无法采样而需检查的对象,可以用无菌水浸湿的棉花涂拭表面作为检查样品)。为了易于分离可先经增殖培养,使样品中的噬菌体数量增加。

采用生物测定法进行噬菌体检查,约需 12 h,因而不能及时判断是否有噬菌体污染。通过快速检查可大致确定是否有噬菌体污染,以便采取必要的防范措施。根据正常发酵(培养)液离心后菌体沉淀,上清液蛋白含量很少,加热后仍然清亮;而侵染有噬菌体的发酵(培养)液经离心后其上清液中因含有自裂解菌中逸出的活性蛋白,加热后发生蛋白质变性,因而在光线照射下出现丁达尔效应而不清亮,可以进行噬菌体检查。此法简单、快速,对发酵液污染噬菌体的判断亦较准确。但不适于溶源性细菌及温合噬菌体的诊断,对侵染噬菌体较少的一级种子培养液也往往不适用。

(三)材料

1. 菌种

敏感指示菌(大肠埃希氏菌)、大肠埃希氏菌噬菌体(从阴沟或粪池污水中分离)。

2. 培养基

二倍肉汤蛋白胨培养液、上层牛肉膏蛋白胨半固体琼脂培养基(含琼脂 0.7%,试管分装,每管 5 mL)、下层牛肉膏蛋白胨固体琼脂培养基(含琼脂 2%)、1%蛋白胨水培养基。

3. 仪器及其他用品

无菌的试管、培养皿、三角瓶、移液管(1,5 mL),恒温水浴锅,恒温培养箱,离心机,721 分光光度计等。

(四)流程

1.噬菌体的检查

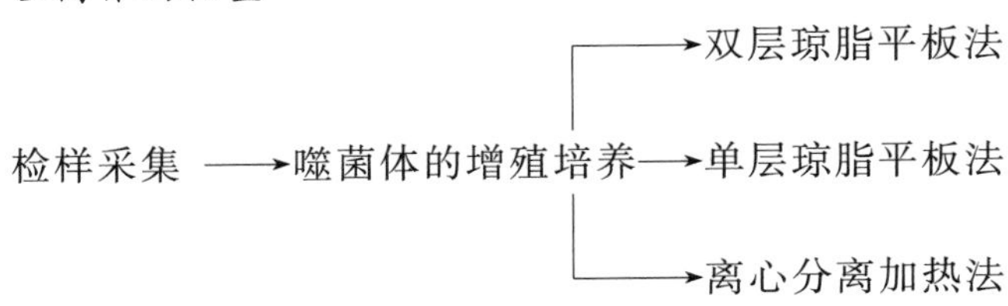

2.噬菌体效价的测定

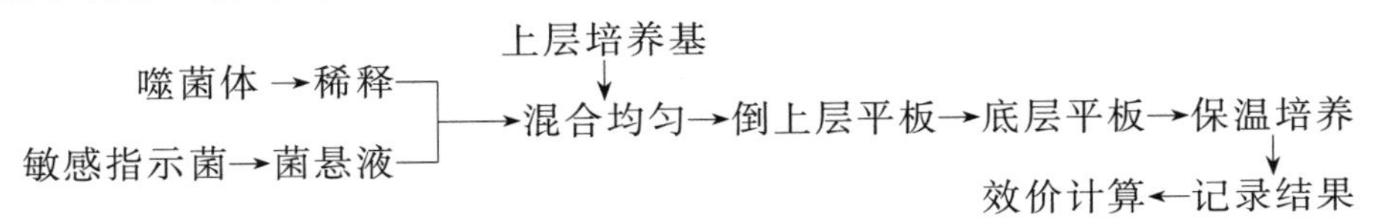

(五)方法与步骤

1.噬菌体的检查

(1)样品采集　将2～3 g土样或5 mL水样(如阴沟污水)放入灭菌三角瓶中,加入对数生长期的敏感指示菌(大肠埃希氏菌)菌液3～5 mL,再加20 mL二倍肉汤蛋白胨培养液。

(2)增殖培养　30℃振荡培养12～18 h,使噬菌体增殖。

(3)离心分离　将上述培养液以3 000 r/min离心15～20 min,取上清液,用pH 7.0,1%蛋白胨水稀释至10^{-2}～10^{-3},用于噬菌体检查及效价测定。

(4)生物测定法

①双层琼脂平板法。

倒下层琼脂:熔化下层培养基,倒平板(约10 mL/皿)待用。

倒上层琼脂:熔化上层培养基,待熔化的上层培养基冷却至50℃左右时,每管中加入敏感指示菌(大肠埃希氏菌)菌液0.2 mL、待检样品液或上述噬菌体增殖液0.2～0.5 mL,混合后立即倒入上层平板铺平。

恒温培养:30℃恒温培养6～12 h观察结果。

观察结果:如有噬菌体,则在双层培养基的上层出现透亮无菌圆形空斑——噬菌斑(图28-1)。

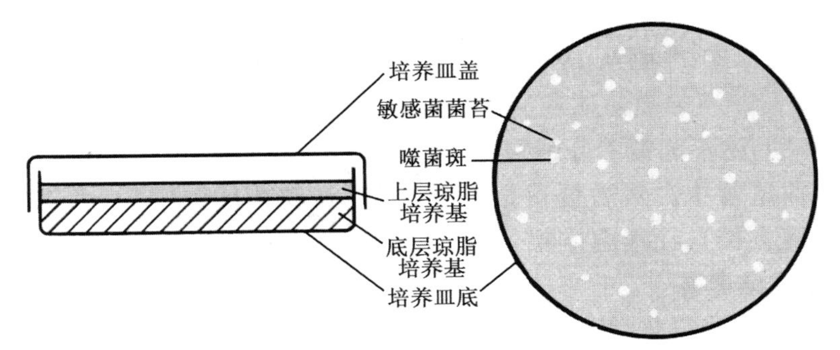

图28-1　上下层琼脂与平板噬菌斑分布示意图

(参照《微生物学实验教程》第2版,周德庆主编)

②单层琼脂平板法。省略下层培养基，将上层培养基的琼脂量增加至2%，熔化后冷却至45℃左右，如同上法加入指示菌和检样，混合后迅速倒平板。于30℃恒温培养6～16 h后观察结果。

(5)离心分离加热法(快速检查)　取大肠埃希氏菌正常培养液和侵染有噬菌体的异常大肠埃希氏菌培养液，4 000 r/min离心20 min，分别取2组发酵液的上清液(A_1溶液)，一部分于721分光光度计上测定OD_{650}值(A_1)，另外各取5 mL上清液于试管中，置水浴中煮沸2 min，检测A_2溶液OD_{650}值(A_2)，记录结果。

2.噬菌体效价的测定

(1)倒平板　将熔化后冷却到45℃左右的下层牛肉膏蛋白胨固体培养基倾倒于11个无菌培养皿中，每皿约倾注10 mL培养基，平放，待冷凝后在培养皿底部注明噬菌体稀释度。

(2)稀释噬菌体　按10倍稀释法，吸取0.5 mL大肠埃希氏菌噬菌体，注入1支装有4.5 mL 1%蛋白胨水的试管中，即稀释到10^{-1}，依次稀释到10^{-6}稀释度。

(3)噬菌体与菌液混合　将11支灭菌空试管分别标记10^{-4}，10^{-5}，10^{-6}和对照。分别从10^{-4}，10^{-5}和10^{-6}噬菌体稀释液中吸取0.1 mL于上述编号的无菌试管中，每个稀释度平行做3个管，在另外2支对照管中加0.1 mL无菌水，并分别于各管中加入0.2 mL大肠埃希氏菌菌悬液，振荡试管使菌液与噬菌体液混合均匀，置37℃水浴中保温5 min，让噬菌体粒子充分吸附并侵入菌体细胞。

(4)接种上层平板　将11支熔化并保温于45℃的上层牛肉膏蛋白胨半固体琼脂培养基5 mL分别加入到含有噬菌体和敏感菌液的混合管中，迅速摇匀，立即倒入相应编号的底层培养基平板表面，边倒入边摇动平板使其迅速地铺展表面。水平静置，凝固后置于37℃恒温培养箱中培养16～24 h。

(5)观察并计数　观察平板中形成的噬菌斑，并将结果记录于实验报告表格内，选取每皿有30～300个噬菌斑的平板计算噬菌体效价(图28-2)。计算公式为：

$$N=\frac{Y}{V}X$$

式中：N为效价值，PFU/mL；Y为平均噬菌斑数，个/皿；V为取样量，mL/皿；X为稀释度。

例如：当稀释度为10^{-6}时，取样量为0.1 mL/皿，同一稀释度中3个平板上的噬菌斑的平均值为186个，则该样品的效价为$N=\frac{186}{0.1}\times10^{6}=1.86\times10^{9}$。

(六)结果

1.噬菌体检查

①离心分离加热法，结果记录于表28-1中。

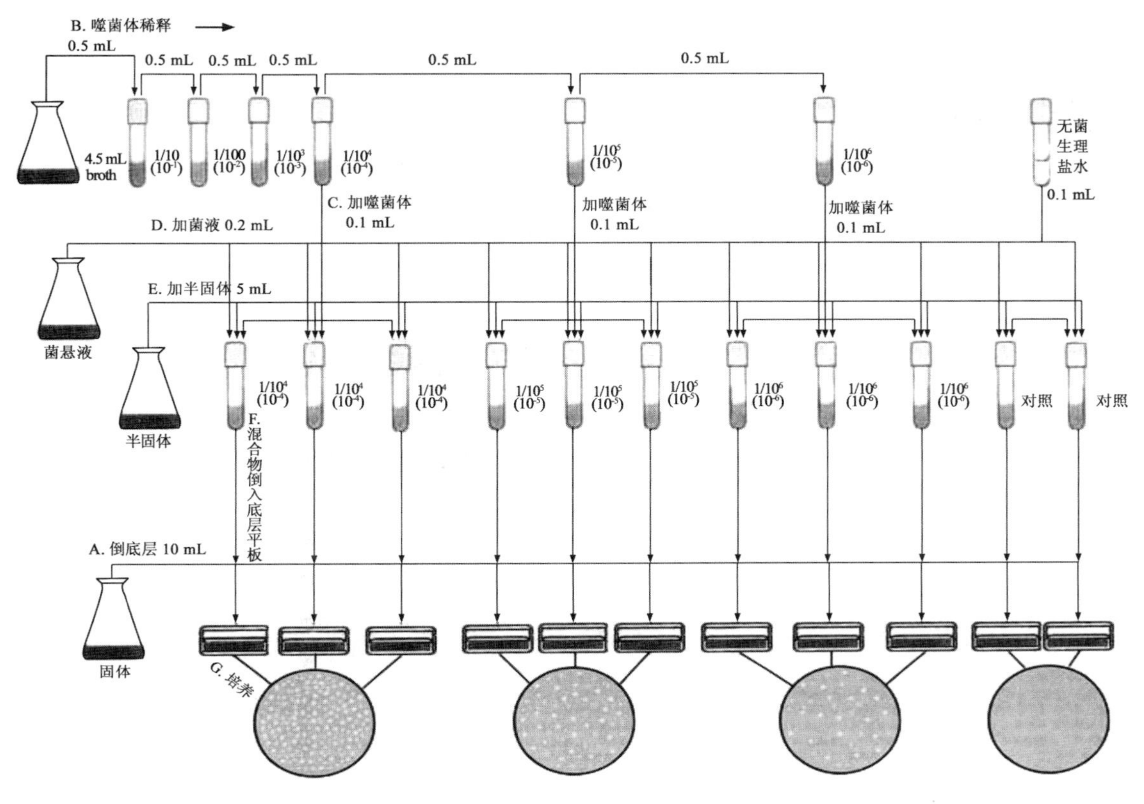

图 28-2　噬菌体效价测定的操作流程示意图(莫美华绘)

表 28-1　噬菌体检查记录

处理方法	OD_{650} 值	
	正常发酵液(对照)	异常发酵液(对照)
离心上清液(A_1)		
离心上清液加热煮沸后(A_2)		
A_2/A_1		

②绘出平板上的噬菌斑检测结果，指出噬菌斑和宿主细菌。

2. 噬菌体效价测定

①测定平板上噬菌斑数目，结果记录于表 28-2 中。

表 28-2　噬菌斑数记录

项目	噬菌体稀释度			
	10^{-4}	10^{-5}	10^{-6}	对照
噬菌斑数/皿				
平均每皿噬菌斑数目				

②计算噬菌体效价。

(七)注意事项

①实验操作都必须在无菌条件下进行。

②噬菌体对温度比较敏感,因此上层培养基的温度不应超过50℃。

③混合物加入上层培养基后应立即摇匀。

④要控制好噬菌体和特异宿主菌的比例及宿主菌浓度。

思考题

1.有哪些方法可检查发酵液中确有噬菌体存在?比较其优缺点。

2.什么是噬菌体的效价?

3.测定噬菌体效价的原理是什么?要提高测定的准确性应注意哪些操作?

4.噬菌体与菌液混合后保温时间越长其吸附率越高的说法对吗?

实验二十九　甜酒酿的制作

(一)目的

(1)通过甜酒酿的制作了解酒酿制作的基本原理。

(2)掌握甜酒酿的制作技术。

(二)原理

思政二维码
白酒的起源

以糯米(或大米)经甜酒药发酵制成的甜酒酿,是我国的传统发酵食品。我国酿酒工业中的小曲酒和黄酒生产中的淋饭酒在某种程度上就是由甜酒酿发展而来的。

甜酒酿是将糯米经过蒸煮糊化,利用酒药中的根霉和米曲霉等微生物将原料中糊化后的淀粉糖化,将蛋白质水解成氨基酸,然后酒药中的酵母菌利用糖化产物生长繁殖,并通过酵解途径将糖转化成酒精,从而赋予甜酒酿特有的香气、风味和丰富的营养。随着发酵时间的延长,甜酒酿中的糖分逐渐转化成酒精,因而糖度下降,酒度提高,故适时结束发酵是保持甜酒酿口味的关键。

(三)材料

1. 材料

糯米、甜酒曲。

2. 仪器及其他用品

手提高压灭菌锅、钢丝网篮、纱布、烧杯、不锈钢锅。

(四)流程

二维码 29-1
甜酒酿的制作

　　　　　　　　　　　　甜酒曲
　　　　　　　　　　　　　↓
泡米、蒸饭→淋饭降温→落缸搭窝→保温发酵→甜酒酿

(五)方法与步骤

1. 泡米、蒸饭

将糯米淘洗干净,放入清水淹没浸泡,夏季浸泡 4～6 h,冬季浸泡 7～10 h,浸泡至米粒可用手捏碎。将米粒捞起沥干水,放于置有纱布的钢丝网篮中,于高压锅内蒸熟(100℃,40 min)。

2. 淋饭降温

用清洁冷水淋洗蒸熟的糯米饭,使其降温至 35℃左右,同时使饭粒松散。

3. 落缸搭窝

将甜酒曲均匀拌入饭内,并在洗干净的烧杯内洒少许甜酒曲,然后将饭松散放入烧杯内,搭成凹形圆窝,在圆窝上洒少许甜酒曲,盖上保鲜膜。

4. 保温发酵

于 30℃进行发酵,待发酵约 48 h,当窝内充满甜液即可停止发酵。

(六)结果

①发酵期间每 12 h 观察、记录发酵现象。

②从色泽、气味、口感等方面对甜酒酿进行综合感官评定。

思考题

1. 制作甜酒酿的关键操作是什么？
2. 甜酒酿发酵过程为什么要搭窝？

实验三十 酸乳中乳酸菌的测定

(一)目的

(1)了解酸乳中乳酸菌的分离原理。

(2)学习并掌握酸乳中乳酸菌数量的检测方法。

(二)原理

活性酸乳需要控制各种乳酸菌的比例,有些国家将乳酸菌的活菌数含量作为区分产品品种和质量的依据。

由于乳酸菌对营养有复杂的要求,生长需要碳水化合物、氨基酸、肽类、脂肪酸、酯类、核酸衍生物、维生素和矿物质等,一般的牛肉膏蛋白胨培养基难以满足其要求。测定乳酸菌时必须尽量将试样中所有活的乳酸菌检测出来。要提高检出率,关键是选用特定良好的培养基。采用稀释平板菌落计数法,检测酸奶中的各种乳酸菌可获得满意的结果。

二维码 30-1
乳酸菌检测原理
及培养基的选择

(三)材料

1. 样品

普通市售活性酸乳(生产菌种为保加利亚乳杆菌和嗜热链球菌)。

2. 培养基

改良 CHALMERS 培养基、MRS 培养基、M_{17} 培养基。

3. 仪器及其他用品

无菌水(225 mL 带玻璃珠三角瓶、9 mL 试管)、无菌移液管(1 mL 和 25 mL)、无菌培养皿、酒精灯、旋涡混匀器、恒温培养箱、超净工作台。

(四)方法与步骤

1. 样品稀释

先将酸乳样品搅拌均匀,用无菌移液管吸取样品 25 mL 加入盛有 225 mL 无菌水的三角瓶中,在旋涡混匀器上充分振摇,务必使样品均匀分散,即为 10^{-1} 的样品稀释液,然后根据对样品含菌量的估计,将样品稀释至适当的稀释度。

2. 制平板

选用 2 或 3 个适合的稀释度,培养皿贴上相应的标签,分别吸取不同稀释度的稀释液 1 mL 置于平皿内,每个稀释度做 2 个重复。然后用熔化冷却至 46℃左右的 MRS、M_{17} 或改良 CHALMERS 培养基倒平皿,迅速转动平皿使之混合均匀,冷却制成平板。

3. 培养和计数

将平皿倒置于 40℃恒温箱内培养 24～48 h,观察长出的细小菌落,计菌落数目,按常规方法选择含有 30～300 个菌落的平皿计算每毫升样品稀释液中的 CFU 数量。

(五)结果

1. 菌落特征和指示剂显色反应

乳酸菌的菌落很小,直径 1～3 mm,圆形隆起,表面光滑或稍粗糙,呈乳白色、灰白色或暗黄色。产酸菌落周围能使 $CaCO_3$ 产生溶解圈，酸碱指示剂呈酸性显色反应。

2. 镜检形态

必要时，可挑取不同形态菌落制片镜检确定是保加利亚乳杆菌或嗜热链球菌。保加利亚乳杆菌呈杆状，单杆、双杆或长丝状。嗜热链球菌呈球状，成对的短链状或长链状排列。

(六)注意事项

①注意无菌操作，实验过程中保持器皿和手的清洁，所有实验器具要消毒。

②将样品稀释液注入下一稀释试管时，移液管尖端勿碰到液面，即每一支移液管只能接触1个稀释度的菌悬液，以免造成误差。

③由于乳杆菌的耐酸性较强，可采用酸化的 MRS 培养基(用乙酸调节 pH 至 5.4)，以利于分离得到目的菌。

④出现 $CaCO_3$ 溶解圈仅能说明该菌产酸，不能证明就是乳酸菌，要确定是不是乳酸菌还必须做有机酸的测定。最简单和常用的方法是纸层析法。

思考题

1. 为什么乳酸菌的检测关键是选用特定良好的培养基?
2. 培养基中为什么要加 $CaCO_3$?

实验三十一 酱油种曲孢子数及发芽率的测定

一、酱油种曲孢子数测定

(一)目的

学会应用血细胞计数板测定孢子数的方法。

(二)原理

种曲是成曲的曲种,是保证成曲的关键和酿制优质酱油的基础。种曲质量要求之一是含有足够的孢子数量,必须达到 6×10^9/g(干基计)以上,孢子旺盛、活力强、发芽率达 85%以上,所以孢子数及其发芽率的测定是种曲质量控制的重要手段。测定孢子数方法有多种,本实验采用血细胞计数板在显微镜下直接计数。此方法是将孢子悬浮液滴入血球计数板与盖玻片之间的计数室中,在显微镜下进行计数。由于计数室容积是一定的,所以可以根据在显微镜下观察到的孢子数来计算单位体积的孢子总数。

实验中,称样时要尽量防止孢子的飞扬。测定时,如果发现有许多孢子集结成团或成堆,说明样品稀释未能符合操作要求,因此必须重新称重、振摇、稀释。生产实践中应用时,种曲通常以干重计算。

(三)材料

1. 样品

酱油种曲。

2. 仪器及其他用品

盖玻片、旋涡混匀器、血细胞计数板、电子天平、显微镜、三角瓶、盖玻片。

3. 试剂

95%酒精、稀硫酸(1∶10)。

(四)方法与步骤

1. 样品稀释

精确称取种曲 1 g,倒入盛有玻璃珠的 250 mL 三角瓶内,加入 95%酒精 5 mL、无菌水 20 mL、稀硫酸(1∶10)10 mL,在旋涡混匀器上充分振摇,使种曲孢子分散,然后用 3 层纱布过滤,用无菌水反复冲洗,务必使滤渣不含孢子,最后稀释至 500 mL。

2. 制计数板

取洁净干燥的血细胞计数板盖上盖玻片,用无菌滴管取孢子稀释液 1 小滴,滴于盖玻片的边缘处(不宜过多),让滴液自行渗入计数室中,注意不可有气泡产生。若有多余液滴,可用吸水纸吸干,静止 5 min,待孢子沉降。

3. 观察计数

(1)观察 用低倍镜头和高倍镜头观察,由于稀释液中的孢子在血细胞计数板上处于不同的空间位置,要在不同的焦距下才能看到,因而计数时必须逐格调动微调螺旋,才能不使之遗漏,如孢子位于格的线上,数上线不数下线,数左线不数右线。

(2)计数 使用 16×25 规格的计数板时,只计板上 4 个角上的 4 个中格(即 100 个小格),

如果使用 25×16 规格的计数板，除计 4 个角上的 4 个中格外，还需要计中央一个中格的数目(即 80 个小格)。每个样品重复观察计数不少于 2 次，然后取其平均值。

4. 计算

(1)16×25 的计数板

$$孢子数/(个/g)=(N/100)\times 400\times 10\ 000\times (V/G)=4\times 10^{4}\times (NV/G)$$

式中：N 为 100 小格内孢子总数，个；V 为孢子稀释液体积，mL；G 为样品质量，g。

(2)25×16 的计数板

$$孢子数/(个/g)=(N/80)\times 400\times 10\ 000\times (V/G)=5\times 10^{4}\times (NV/G)$$

式中：N 为 80 小格内孢子总数，个；V 为孢子稀释液体积，mL；G 为样品质量，g。

(五)结果

样品稀释至每个小格所含孢子数在 10 个以内较适宜，过多不易计数，应进行稀释调整。结果记入表 31-1 中。

表 31-1　孢子数记录

计算次数	各中格孢子数	小格平均孢子数	稀释倍数	孢子数/(个/g)	平均值
第一次					
第二次					

思考题

用血细胞计数板测定孢子数有什么优缺点?

二、孢子发芽率测定法

(一)目的

学习孢子发芽率的测定方法。

(二)原理

测定孢子发芽率的方法常有液体培养法和玻片培养法，部颁标准采用玻片培养法。本实验应用液体培养法制片在显微镜下直接观察测定孢子发芽率。孢子发芽率除受孢子本身活力影响外，培养基种类、培养温度、通气状况等因素也会直接影响到测定的结果。所以测定孢子发芽率时，要求选用固定的培养基和培养条件，才能准确反映其真实活力。

(三)材料

1. 样品

种曲孢子粉。

2. 培养基

察氏液体培养基。

3. 仪器及其他用品

载玻片、盖玻片、显微镜、接种环、酒精灯、三角瓶、滴管、恒温摇床。

(四)方法与步骤

1. 接种

用接种环挑取种曲少许接入含察氏液体培养基的三角瓶中，置于 30℃下摇床振荡恒温培养 3～5 h。

2. 制片

用无菌滴管取上述培养液于载玻片上滴 1 滴，盖上盖玻片，注意不可产生气泡。

3. 镜检

将标本片直接放在高倍镜下观察发芽情况，标本片至少同时做 2 个，连续观察 2 次以上，取平均值，每次观察不少于 100 个孢子发芽情况。

4. 计算

$$\text{发芽率}=\frac{A}{A+B}\times 100\%$$

式中：A 为发芽孢子数，个；B 为未发芽孢子数，个。

(五)结果

①正确区分孢子的发芽和不发芽状态。

②培养前要检查调整孢子接入量，以每个视野含孢子数 10～20 个为宜。

③实验结果记入表 31-2 中。

表 31-2　孢子发芽率记录

孢子发芽数(A)	发芽和未发芽孢子数($A+B$)	发芽率/%	平均值

思考题

影响孢子发芽率的因素有哪些？哪些实验步骤容易造成结果误差？

实验三十二　毛霉的分离和豆腐乳的制备

(一)目的

(1)掌握毛霉的分离和纯化方法。

(2)学习豆腐乳发酵的工艺流程。

(二)原理

豆腐乳是我国独特的传统发酵食品,是用豆腐发酵制成。民间老法生产豆腐乳均为自然发酵,现代生产多采用蛋白酶活性高的鲁氏毛霉或根霉发酵。豆腐坯上接种毛霉,经过培养繁殖,分泌蛋白酶、淀粉酶、谷氨酰胺酶等复杂酶系,在长时间发酵后,与腌坯调料中的酶系、酵母、细菌等协同作用,使腐乳坯蛋白质缓慢水解,生成多种氨基酸,加之由微生物代谢产生的各种有机酸与醇类作用生成酯,形成细腻、鲜香的豆腐乳特色。

(三)材料

1. 菌种

毛霉斜面菌种。

2. 培养基(料)

马铃薯葡萄糖琼脂培养基(PDA)、无菌水、豆腐坯、红曲米、面曲、甜酒酿、白酒、黄酒、食盐。

3. 仪器及其他用品

培养皿、500 mL 三角瓶、接种针、小笼格、喷枪、小刀、带盖广口玻璃瓶、显微镜、恒温培养箱。

(四)流程

1. 毛霉的分离

配制培养基→毛霉分离→观察菌落→显微镜检→分离纯种毛霉菌株→斜面菌种制备

2. 豆腐乳的制备

孢子悬液制备→接种孢子→培养与晾花→装瓶与压坯→装坛发酵→感官鉴定

(五)方法与步骤

1. 毛霉的分离

(1)配制培养基　马铃薯葡萄糖琼脂培养基(PDA),经配制、灭菌后倒平板备用。

(2)毛霉的分离　从长满毛霉菌丝的豆腐坯上取小块于 90 mL 无菌水中,振摇,制成孢子悬液,用接种环取该孢子悬液在 PDA 平板表面作划线分离,于 20℃培养 1~2 d,以获取单菌落。

二维码 32-1
豆腐乳的制作

(3)初步鉴定

①菌落观察。呈白色棉絮状,菌丝发达。

②显微镜检。于载玻片上加 1 滴石炭酸液,用解剖针从菌落边缘挑取少量菌丝于载玻片上,轻轻将菌丝体分开,加盖玻片,于显微镜下观察孢子囊、梗的着生情况。若无假根和匍匐菌丝,孢囊梗直接由菌丝长出,单生或分枝,则可初步确定为毛霉。

2. 豆腐乳的制备

(1)孢子悬液制备

①毛霉菌种的扩培。将分离纯化后的毛霉接入PDA斜面培养基，于25℃培养2 d。

②孢子悬液制备。在上述毛霉菌种斜面中加入约5 mL无菌水，用接种环刮下菌丝，用无菌脱脂棉过滤取滤液，滤液加入200 mL无菌水中进行稀释得毛霉接种孢子悬液，装入喷枪贮液瓶中供接种使用。

(2)接种孢子　用刀将豆腐坯划成4.1 cm×4.1 cm×1.6 cm的块，将笼格经蒸汽消毒、冷却，用孢子悬液喷洒笼格内壁，然后把划块的豆腐坯均匀竖放在笼格内，块与块之间间隔2 cm。再用喷枪向豆腐块上喷洒孢子悬液，使豆腐均匀沾上孢子悬液。

(3)培养与晾花　将放有接种豆腐坯的笼格放入培养箱中，于20℃左右下培养，培养20 h后，每隔6 h上下层调换一次，以更换空气，并观察记录毛霉生长情况。发酵44～48 h后，菌丝顶端已长出孢子囊，腐乳坯上毛霉呈棉花絮状，菌丝下垂，白色菌丝已包围住豆腐坯。此时将笼格取出，使热量和水分散失，坯迅速冷却，其目的是增加酶的作用，并使霉味散发，此操作在工艺上称为晾花。

(4)装瓶与压坯　将冷至20℃以下的坯块上互相依连的菌丝分开，用手指轻轻在每块表面揩涂一遍，使豆腐坯上形成一层皮衣，装入玻璃瓶内。边揩涂边沿瓶壁呈同心圆方式一层一层向内侧摆放，摆满一层稍用手压平，撒一层食盐，每100块豆腐坯用盐约400 g，使平均含盐量约为16%，如此一层层铺满瓶。下层食盐用量少，向上食盐逐层增多，腌制中盐分渗入毛坯，水分析出，使上下层含盐均匀，腌坯3～4 d时需加盐水淹没坯面，称为压坯。腌坯周期冬季13 d，夏季8 d。

(5)装罐贮藏

①红方。按每100块坯用红曲米32 g、面曲28 g、甜酒酿1 kg的比例配制染坯红曲卤和装瓶红曲卤。先用200 g甜酒酿浸泡红曲米和面曲2 d，研磨细，再加200 g甜酒酿调匀即为染坯红曲卤。将腌坯沥干，待坯块稍有收缩后，放在染坯红曲卤内，六面染红，装入经预先消毒的玻璃瓶中。再将剩余的红曲卤用剩余的600 g甜酒酿兑稀，灌入瓶内，淹没腐乳，并加适量盐和50°白酒，加盖密封，在常温下贮藏6个月成熟。

②白方。将腌坯沥干，待坯块稍有收缩后，将按甜酒酿0.5 kg、黄酒1 kg、白酒0.75 kg、盐0.25 kg的配方配制的汤料注入瓶中，淹没腐乳，加盖密封，在常温下贮藏2～4个月成熟。

(6)质量鉴定　将成熟的腐乳开瓶，进行感官质量鉴定、评价。

(六)结果

①记录豆腐乳发酵过程中毛霉的生长情况。

②从腐乳的表面及断面色泽、组织形态(块形、质地)、滋味及气味、有无杂质等方面综合评价腐乳质量。

思考题

1. 腐乳生产发酵的关键步骤是什么?

2. 试分析自然接种与纯种接种两种方式的差别。

实验三十三　食用菌菌种的分离和制种技术

(一)目的

(1)了解食用菌菌种的采集方法和分离原理。

(2)掌握食用菌菌种的分离和制种的操作方法。

(二)原理

分离法有孢子分离、组织分离及菇木菌丝分离等几种。其中最简便有效的方法是组织分离,成功率高,菌种质量也好。在自行分离前,首先必须熟悉欲采集的食用菌的形态特征及生态环境,采集后应详细记录,然后带回实验室进行分离和鉴定。将成熟的优良食用菌子实体在无菌条件下,取少许菌肉至斜面试管培养成原始母种;获取少许孢子放入斜面试管中培养成变异菌种,以便选优。

制种技术是在无菌条件下,将母种接种到原种培养基上进行培养;将原种在无菌条件下接种到栽培种培养基上进行培养。

(三)材料和器皿

1. 菌种

双孢蘑菇(*Agaricus bisporus*)菌种、平菇菌种等。

2. 培养基

马铃薯葡萄糖琼脂培养基(PDA)、食用菌制种的营养原材料等。

3. 仪器及其他用品

普通光学显微镜、超净工作台、接种铲、酒精灯、三角瓶、载玻片、盖玻片、镊子、无菌培养皿、无菌滤纸、单面刀片等。

4. 试剂

0.1%氯化汞,75%乙醇,乳酚油染色液等。

(四)方法与步骤

1. 蘑菇菌丝体、子实体的观察

(1)蘑菇菌丝体的形态　观察蘑菇菌丝体的形态结构,可直接从生长在斜面培养基或平板的培养物中挑取菌丝制片观察,若要观察菌丝体的自然着生形态,可采用如下方法制备观察标本。

①制 PDA 平板。在无菌培养皿中倒入约 20 mL PDA 培养基,待凝备用。

②接蘑菇母种。在无菌操作环境下将蘑菇母种接入上述制备的平板培养基上。

③插片或搭片。用无菌镊子将无菌盖玻片以约 40°角插入接有蘑菇母种块的培养基内,距离接种块 1 cm 左右。每皿可插 2～3 片。也可在接有蘑菇母种块边缘开槽后将无菌盖玻片平置搭在槽口上。

④恒温培养。将接种平板置 25℃恒温培养箱内培养。箱内放一盘水以保持足够的湿度,满足菌丝体的正常生长。

⑤制备镜检片。培养 2～3 d 后,当菌丝已长到盖玻片上时,用镊子取出盖玻片。在 1 洁净的载玻片上滴 1 滴乳酚油染色液,把盖玻片长有菌丝的一面朝下,覆盖在染液中,用滤纸吸

去多余的染液。

⑥镜检观察。将载玻片置载物台上用低倍镜观察。

⑦镜检锁状联合。移动载玻片，寻找到菌丝不成团，并有锁状联合处，用高倍镜、油镜进行仔细观察，并把观察到的图像绘制下来。

(2)蘑菇子实体结构　观察蘑菇子实体的层次结构，必须对其菌褶进行超薄切片(切片机法或徒手法)。切片的材料可用新鲜标本或某些干制标本，以新鲜蘑菇的徒手切片法作简介。

①取菌褶块。取新鲜子实体菌褶部位的一小块组织，放置在培养皿内的纸片上，置于冰箱冷冻室内冷冻约 10 min。

②徒手切片。取出培养皿，开启皿盖，左手轻压按住标本，右手用单面刀片对标本进行快速仔细切削，使其形成许多菌褶层的薄片状。

③漂洗切片。将切片置于含生理盐水的培养皿内漂洗，选取薄而均匀透明的菌褶层切片制备成观察标本。

④镜检观察。可在低倍镜或中倍镜下观察菌褶层的菌丝形态及担子、担孢子结构形态等。

2.蘑菇菌种的分离与培养法

(1)采集菌样　用小铲或小刀将子实体周围的土挖松，然后将子实体连带土层一起挖出(注意不能用手拔，以免损坏其完整性)。用无菌纸或纱布将整体包好，带回实验室。

(2)子实体消毒　在无菌条件下将带泥部分的菌柄切除，如菌褶尚未裸露，可将整个子实体浸入 0.1%氯化汞液中消毒 2～3 min，再用无菌水漂洗 3 次；如菌褶已外露，只能用 75%乙醇擦菌盖和菌柄表面 2～4 次，以除去尘埃并杀死附着的菌群。

(3)收集孢子

①放置搁架。将消毒后的菌盖与菌柄垂直放在消毒过的三脚架上，三脚架可用不锈钢丝或铅丝制作。

②放入无菌罩内。将菇架一起放到垫有无菌滤纸的培养皿内，然后盖上玻璃罩，玻璃罩下再垫一个直径稍大的培养皿。

③培养与收集孢子。将上述装置放在合适的温度下，让其释放孢子。不同菌种释放孢子的温度稍有差异，如双孢蘑菇为 14～18℃，香菇释放孢子温度为 12～18℃，侧耳为 13～20℃。在合适的温度下子实体的菌盖逐渐展开，成熟孢子即可掉落至培养皿内的无菌滤纸上。

(4)获取菌种

①制备孢子悬液。用灭菌的接种环蘸少许无菌水，再用环蘸少量孢子移至含有 5 mL 无菌水的试管中制成孢子悬液。

②接种 PDA 斜面。挑 1 环孢子悬液接种到马铃薯斜面培养基上，即在斜面上做“Z”形划线或拉一条线的接种法制备斜面菌种。

③培养与观察。经 20～25℃培养 4～5 d，待斜面上布满白色菌丝体后即可作为菌种进行扩大培养与使用。

④单孢子纯菌斜面。若要获取单孢子纯菌落，可取上述孢子悬液 1 滴(约 0.1 mL)于马铃薯葡萄糖平板培养基上，然后用涂布棒均匀地涂布于整个平板表面上。培养后，选取单菌落移接至斜面培养基上就可获得由单孢子得来的纯菌斜面。

(5)组织分离法　从消毒子实体的菌盖或菌褶部分切取一部分菌丝体，移至马铃薯葡萄糖斜面培养基上，经培养后在菌块周围就会长出白色菌丝体。待菌丝布满整个斜面后就可作为菌种(整个过程要注意无菌操作,防止杂菌污染)。

3. 平菇原种和栽培种制备法

(1)母种的分离与培养　食用菌栽培中,菌种优劣是获取经济效益的关键。它直接影响到原种、栽培种的质量及其产量与效益。食用菌菌种的制备大致相同。

(2)原种和栽培种的制备　由试管斜面母种初步扩大繁殖至固体种(原种)。由原种再扩大繁殖应用于生产的菌种,叫生产种或栽培种。其逐步扩大的步骤如下:

①原种、生产种的培养基配制。

培养基配方:棉籽壳 50 kg,石膏粉 1 kg,过磷酸钙(或尿素)0.25 kg,糖 0.5 kg,水约 60 kg,pH 5.5～6.5。

拌料:含水量约 60%(将棉籽壳、石膏粉、过磷酸钙按定量充分拌匀,将糖溶在 60 kg 的水中,然后边拌边加入糖水,糖水加完后,再充分拌匀。静止 4 h 后,再测定其含水量,一般掌握在 60%左右,pH 5.5～6.5)。

装瓶:将配制好的培养料装入培养瓶中,装料时尽量做到瓶的四周料层较结实,中间稍松。并在中心留一小洞,以利于接种。栽培种装料量常至瓶的齐瓶肩处。

灭菌:装瓶后应立即灭菌,温度 121℃维持 1.5～2 h 以达到彻底杀灭固料内杂菌。取出瓶待冷却后及时接种。若用土法蒸笼等灭菌,加热至培养基上冒蒸汽后,继续维持 4～6 h,然后闷蒸 3～4 h 彻底杀灭固料中的微生物菌体细胞、孢子与芽孢。

②原种制备。从菌种斜面挑取一定量的菌丝体移接到 500 mL 三角瓶固体培养料中,拍匀培养料与菌丝体后置于适宜温度下培养。或将斜面母种划成 6 块,用无菌接种铲铲下 1 块放入原种培养基上(注意将长有菌丝的一面朝向原种的培养料),使母种与原种培养料直接接触,以利于生长。塞上棉塞,25℃左右室温避光培养。

③栽培种的接种。可在无菌室或超净工作台上进行接种。将已灭菌且冷却至 50℃左右的培养料以无菌操作法接上原种培养物,菌种接入栽培种培养料的中央洞孔内与培养料的表层,使表面铺满原种培养物,然后用接种铲将表面压实,以利于原种与培养料紧密结合,有利于菌种在培养料中快速生长与繁殖。

④培养与观察。接种完毕应立即将瓶口用无菌纸包扎好,25℃左右培养,原种瓶装的料面上布满菌丝体需 7～10 d,栽培种料面上布满菌丝体需 10～30 d。

(五)结果

①绘制显微镜下观察到的蘑菇形态构造,并记录于表 33-1 中。

表 33-1　蘑菇形态构造记录

观察要点	低倍镜下	中倍镜下	高倍镜下
蘑菇菌丝			
菌褶结构			
担子			
担孢子			

②将分离蘑菇的结果记录在表 33-2 中。

表 33-2　分离蘑菇记录

食用菌名称	收集孢子的温度	孢子颜色与形状	菌丝体培养温度	备注

③将观察到的蘑菇子实体形态构造记录在表 33-3 中。

表 33-3　蘑菇子实体形态构造记录

子实体	食用菌名称	
	蘑菇	平菇
菌盖		
菌褶		
菌柄		
菌环		
菌托		

④记录平菇栽培种的制备与培养结果。

(六)注意事项

①培养瓶装料时要上下松紧一致,使瓶周围稍紧而中央松散些,有利于灭菌与接种,接种要严格按无菌操作进行。

②在原种或栽培种的培养中,从第 3 天到菌丝覆盖培养基表面并深入料 2 cm 左右起,要勤检查,发现杂菌污染要及时妥善处理。

③培养好的菌种要放在凉爽、干燥、清洁与避光处,及时使用以防菌种老化。

④菌种质量的优劣,直接影响菇的产量。分离到的菌种应注意达到以下标准:

没有受杂菌污染或混有其他菌种。

菌丝体呈白色而有光泽,无褐色菌皮。

菌丝粗壮,分枝浓密,生活力强,菌龄适当。

培养基湿润,含水量适中,试管斜面上有少量水气。

⑤用氯化汞消毒后的子实体所残留的溶液必须及时漂洗去。否则会抑制菌丝体的生长。

思考题

1. 为什么组织分离时要取子实体的内部菌肉?
2. 食用蘑菇的菌种制备与形态特征观察中各需注意哪些方面?
3. 平菇的菌种制备与原种或栽培种的制备及管理等方面有何异同?

实验三十四　台式自控发酵罐的原理、构造和使用

(一)目的

(1)了解实验室台式自控发酵罐的构造与工作原理。

(2) 学习用发酵罐培养微生物细胞的操作步骤与方法。

(二)原理

深层液体培养技术是一种培养微生物细胞的复杂工艺系统，它能使发酵罐内累积大量微生物细胞或代谢产物。实验室的台式自控发酵罐系统能较好地完成上述各发酵参数的探索与研究，并能根据需要及时、连续地补充营养、调节 pH、提供溶解氧等，以满足微生物生长繁殖所需要的营养物质和环境条件，达到最佳的预期目标，为大规模工业生产积累经验和提供依据。

实验室常用的自控发酵罐体积为 5～50 L，它们基本上由 2 部分组成。

(1)发酵系统的控制及辅助设备　控制器主要是对发酵过程中的各种参数(温度、pH、溶解氧、搅拌速度、空气流量和泡沫水平等)的控制进行设定、显示、记录以及对这些参数进行反馈调节控制。其他辅助设备则由加热灭菌的蒸汽发生器、供氧系统中的空气压缩机及能远距离调控与自动记录的电脑系统等外围设备组成。

(2)小型发酵罐系统　它是微生物发酵的主体设备，其主要由五大部件及罐体内的消泡装置等组成。

①罐体系统：通常为一个耐压的圆柱状罐体，其高和直径之比为(1.5～2)∶1，由玻璃钢或不锈钢等材料制成，罐体上附有夹套、罐体的盖子及各种管路和一些附件(罐压表、补料口等)。

②搅拌系统：由驱动马达、搅拌轴和涡轮式搅拌器等组成，也有的采用磁力搅拌(使罐体的密封性更可靠)装置。主要用于提高气-液和液-固混合以及溶质间热量的传递效率，特别是通过增加气-液间的湍流搅动，增加气-液接触面积及延长气-液接触的时间等，提高溶解氧的利用率。

③保温系统：通常发酵罐体利用夹套系统来保温，它与外界的冷、热水的管路及加热器系统相连，同时又与发酵罐温度控制器组建成自控保温系统，在发酵中保持罐体培养温度的稳定，同时亦可为发酵罐内培养基灭菌时提供升温预热，控制实罐灭菌时高温蒸汽溶入发酵液导致发酵液的增量。

④通气系统：主要是由空气压缩器、微孔滤膜(0.2 μm)和空气分布器及管路组成的一个系统，用来控制在发酵过程中的溶氧。为了减少发酵液的挥发和防止菌种逸散到罐外空气中，常在罐体的排气口安装冷凝器和微孔过滤片。

⑤消泡系统：发酵液中含有大量蛋白质，在强烈搅拌下就会产生大量的泡沫，严重时泡沫将导致罐体内发酵液的外溢而增加染菌的机会，故发酵中常用流加消泡剂的方法来消除泡沫。

⑥检测系统：发酵中常用的参数检测有 pH 电极、溶氧电极、温度传感器、泡沫传感器及菌密度探测器等。

(三)材料

1. 菌种

大肠埃希氏菌(*Escherichia coli*)。

2. 培养基

种子培养基与发酵培养液。

①种子培养基:葡萄糖 1.0 g,酵母膏 0.5 g,牛肉膏 0.5 g,氯化钠 0.5 g,加水定容至 100 mL,调 pH 至 7.2～7.4。

②发酵培养液:葡萄糖 60 g,蛋白胨 30 g,酵母膏 15 g,牛肉膏 30 g,氯化钠 15 g,氯化铵 15 g,加水定容至 3 000 mL,调 pH 至 7.2～7.4。

3. 试剂

斐林氏测糖试剂:

①A 溶液:$CuSO_4 \cdot 5H_2O$ 35 g,次甲基蓝 0.05 g,溶解后定容至 1 000 mL。

②B 溶液:酒石酸钾钠 117 g,氢氧化钠 126.4 g,亚铁氰化钾 9.4 g,溶解后定容至 1 000 mL。

③其他:0.1%标准葡萄糖溶液,40%氢氧化钠溶液,BAPB 消泡剂,乙醇等。

4. 仪器

5 L 台式全自动控制发酵罐,恒温摇床,721 型分光光度计,显微镜等。

(四)方法与步骤

1. 发酵种子液制备

上罐前 2 d,从冰箱中取出菌种转接斜面,于 37℃培养 24 h。由斜面菌种转接一级种子瓶,37℃振荡(150 r/min)培养 12 h。将一级种转接二级种子瓶,接种量 5%之后,37℃振荡(150 r/min)培养 10 h。分别测接种前和培养结束时的 OD 值,计算出净增 OD 值,并做记录。

2. 发酵液配制

按配方配制发酵培养液,调 pH 至 7.2～7.4,加水定容至 3 L,加入几滴 BAPB 消泡剂(泡敌)。

3. 发酵培养液装罐

(1)清洗　清洗发酵罐的罐体及其管路系统,以防发酵罐黏附的杂质对发酵过程产生干扰。

(2)装料　将配制与调好 pH 的发酵培养液倒入发酵罐中,实罐灭菌时通常控制加水量,留意罐体 3 L 容量的标记线位置。

(3)密封　盖好装料口的盖子并旋紧密封,开、关好发酵罐罐体各管道系统上的阀门以待灭菌。

4. 灭菌蒸汽的制备

5 L 自控发酵罐配置 3 kW 蒸汽发生器 1 台,可产生 0.3 MPa 的压力蒸汽,供加温灭菌用。压力蒸汽的制备方法如下:

(1)加水　制备蒸汽之前,蒸汽发生器的贮水腔内先加足水(即加水至左侧计量管上限刻度线)以产生足够压力蒸汽供罐体灭菌使用。

(2)开启　启动开关至"on",蒸汽发生器电源指示灯闪亮时则蒸汽发生器进入加热状态,并将产生蒸汽压,注意表头上所显示的蒸汽压的变化动态。

(3)升压　密切注意蒸汽发生器内蒸汽压的变化。当蒸汽压升至 0.2 MPa 压力时，即可向发酵罐系统提供压力蒸汽。

(4)稳压　通常当蒸汽发生器内的蒸汽压达到 0.25 MPa 时，则蒸汽发生器会自动切断电源以维持其额定的蒸汽压，若遇异常应切断电源后检修。

(5)实罐灭菌

①灭菌前准备。首先检测加压蒸汽源的贮备，将夹套注满水，然后关闭发酵罐体及其相连或直接贯通的所有管路系统的阀门。

②发酵液预热。

设置参数：接通发酵罐系统自动控制器系统的电源开关，开启控制器面板上的搅拌按钮，调节控制转速为 300 r/min。

开启供气：开启空气压缩机，正常供气。

监控记录：启动电脑电源，监控与记录。

蒸汽供应：开启蒸汽发生器出口处的送气阀门至最大，为发酵罐的预热实罐灭菌提供气源。

夹套预热：开启通往发酵罐夹套系统路径上的全部阀门，使高温蒸汽缓缓进入夹套中，并预热罐体内的培养基。预热中注意排水系统是否畅通。利用调节排水量的大小来控制供应高温蒸汽的量与预热的速度。

实罐灭菌：当罐体内发酵液温度上升至 90～95℃时，可关闭机械搅拌(可减少泡沫，还能延长密封轴的寿命)与通入罐体夹套的蒸汽阀门，由两路蒸汽管道(供气口与取样口)直接向罐体培养基内通入高温蒸汽，以搅动培养液进行实罐灭菌，使培养液快速升温。

口端灭菌：在罐温超过 100℃时，应将取样口、排气口稍微打开，让微量高温蒸汽从口端排出并维持一定时间，使其灭菌。当保护罩顶部阀门有蒸汽排出时，2 min 后关闭阀门，当罐内温度上升至 121℃时，调节与减缓入罐的蒸汽量以维持罐温，保温 20 min，使发酵液彻底灭菌。然后关闭取样口和排气口的阀门，最后关闭两路入罐蒸汽管路上的阀门，灭菌完毕。

夹套降温：灭菌停止后应迅速降低罐内培养液的温度，以防发酵液内营养物在高温下的分解与破坏。此时应打开冷凝水出水阀门，同时打开通往罐体夹套的水循环管路上的各阀门，让冷水流入以迅速冷却罐体内的高温培养液，在降至培养菌的最适温度前，开启设定温度的自动调节钮，实现罐温的自动控制。

供气冷却：在冷却发酵液过程中，要及时打开空气压缩机的供气管路阀门，向发酵罐体内缓慢通入空气以发挥其搅拌与快速冷却作用，并使罐压仍保持正常压状态。但供气量应缓慢放大，谨防空气在热罐中突然膨胀使罐内瞬时升压而冒液。

再启搅拌：待罐温降至 90～95℃时再次开启发酵罐的搅拌系统，以使罐内热传导加快和培养液冷却均匀。

(6)接种和发酵控制

①接种。

接种准备：旋松发酵罐上方的接种口盖子，点燃接种火圈环套(环上缠有多层纱布并吸足乙醇)，套在接种口的盖子上，同时备用大镊子以夹住接种口盖并移至火焰的无菌处。

火焰灭菌：火圈套环灼烧接种口 10～20 s，同时保持接种口周围小范围处于严格无菌状态。

无菌启盖:迅速用大镊子夹住接种口盖子,移去并保持在火焰旁的无菌操作区域内,待接种完后迅速盖上并旋紧。

接种操作:在火焰圈上方的无菌区域内,迅速打开菌种瓶的纱布塞,按无菌操作法往接种口内倒入种子培养物,接种量常控制在5%～10%(接入菌种液与发酵液的体积比)。迅速将无菌盖子盖住接种口端,在火圈环中瞬即旋紧接种口的盖子,使罐压迅速恢复正常状态。

紧盖密封:移去接种口的火圈环并熄灭火焰。再复旋接种口的盖子至彻底密封与罐压稳定。

②取样。接种前取样1次用于培养基成分分析,在发酵过程中每小时取样1次,每次取样50 mL。取样时,用量筒准确取流出的培养液50 mL,对号倒入编号的三角瓶中,封口,立即放入冰水浴20 min后,置于冰箱保存。

③记录。每小时记录发酵过程温度、pH、OD值、通风、转速等的测定数值,并记录操作情况。

(7)放罐　发酵过程结束后,便可放罐,放罐操作同取样。排放液需经灭菌(煮沸)处理才可放入下水道。

(8)清洗　放罐后,将发酵罐清洗干净,关闭所有电源。

(9)指标测定

①均匀取样品5 mL于编号试管中,用空白发酵液稀释至一定浓度,在721分光光度计上测定OD_{600}值,根据菌体浓度与吸光度之间关系的标准曲线(已预先测定)换算出菌体浓度;其余发酵液于2 000 r/min条件下离心分离8 min,上清液入编号三角瓶,用于测糖。

②培养液中葡萄糖的测定用斐林快速定糖法。

(五)结果

①整理发酵过程中所测定的各种数据资料。以时间为横坐标,干菌体浓度X(g/L)、葡萄糖浓度S(g/L)、pH等为纵坐标绘图,观察并分析各参数的变化规律。

②镜检观察大肠埃希氏菌(*Escherichia coli*)在不同发酵培养阶段中个体形态特征。

(六)注意事项

①在各电极调试、安装过程中要极细心,防止电极头部的损坏。

②在接种、取样等各个操作时要严防杂菌污染。

③发酵期间,应维持发酵罐压在正常压(0.045 MPa左右)状态。

④蒸汽发生器在接通电源加热前,要检查水量是否足够。

⑤注意操作安全,防止加压蒸汽的管路与罐体烫伤裸露的皮肤。

⑥当在某一时段泡沫大量生成时,系统消泡不运转,可用手动加入几滴消泡剂。

思考题

1.简述台式自控发酵罐系统中5大部分的名称,灭菌过程要特别注意哪几点?

2.发酵过程所需的无菌空气是如何获得的?发酵过程中搅拌的作用是什么?调节溶解氧的措施有哪些?

3.在取样与使用721分光光度计测OD值时应注意哪几点?

4.补料的作用是什么?如何进行补料?

附　　录

一、附表

(一)大肠菌群最可能数(MPN)检索表

每克(或每毫升)检样中大肠菌群最可能数(MPN)的检索见表1。

表1　大肠菌群最可能数(MPN)检索表

阳性管数			MPN	95%可信限		阳性管数			MPN	95%可信限	
0.10	0.01	0.001		下限	上限	0.10	0.01	0.001		下限	上限
0	0	0	<3.0	—	9.5	2	2	0	21	4.5	42
0	0	1	3.0	0.15	9.6	2	2	1	28	8.7	94
0	1	0	3.0	0.15	11	2	2	2	35	8.7	94
0	1	1	6.1	1.2	18	2	3	0	29	8.7	94
0	2	0	6.2	1.2	18	2	3	1	36	8.7	94
0	3	0	9.4	3.6	38	3	0	0	23	4.6	94
1	0	0	3.6	0.17	18	3	0	1	38	8.7	110
1	0	1	7.2	1.3	18	3	0	2	64	17	180
1	0	2	11	3.6	38	3	1	0	43	9	180
1	1	0	7.4	1.3	20	3	1	1	75	17	200
1	1	1	11	3.6	38	3	1	2	120	37	420
1	2	0	11	3.6	42	3	1	3	160	40	420
1	2	1	15	4.5	42	3	2	0	93	18	420
1	3	0	16	4.5	42	3	2	1	150	37	420
2	0	0	9.2	1.4	38	3	2	2	210	40	430
2	0	1	14	3.6	42	3	2	3	290	90	1 000
2	0	2	20	4.5	42	3	3	0	240	42	1 000
2	1	0	15	3.7	42	3	3	1	460	90	2 000
2	1	1	20	4.5	42	3	3	2	1 100	180	4 100
2	1	2	27	8.7	94	3	3	3	>1 100	420	—

注1:本表采用3个稀释度[0.1 g(或0.1 mL),0.01 g(或0.01 mL)和0.001 g(或0.001 mL)],每个稀释度接种3管。

注2:表内所列检样量如改用1 g(或1 mL),0.1 g(或0.1 mL)和0.01 g(或0.01 mL)时,表内数字应相应降低10倍;如改用0.01 g(或0.01 mL),0.001 g(或0.001 mL),0.000 1 g(或0.000 1 mL)时,则表内数字应相应增高10倍,其余类推。

(二)沙门氏菌属(*Salmonella*)的检验

常见沙门氏菌抗原见表 2。

表 2 常见沙门氏菌抗原表

菌 名	原 名	O 抗原	H 抗原	
			第一相	第二相
		A 群		
甲型副伤寒沙门氏菌	*S. paratyphi* A	1,2,12	a	[1,5]
		B 群		
基桑加尼沙门氏菌	*S. kisangani*	1,4,[5],12	a	1,2
阿雷查瓦莱塔沙门氏菌	*S. arechavaleta*	4,[5],12	a	[1,7]
马流产沙门氏菌	*S. abortus-equi*	4,12	—	e,n,x
乙型副伤寒沙门氏菌	*S. paratyphi* B	1,4,[5],12	b	1,2
利密特沙门氏菌	*S. limete*	1,4,12,27	b	1,5
阿邦尼沙门氏菌	*S. abony*	1,4,[5],12,27	b	e,n,x
维也纳沙门氏菌	*S. wien*	1,4,12,27	b	l,w
伯里沙门氏菌	*S. vury*	4,12,27	c	z_6
斯坦利沙门氏菌	*S. stanley*	1,4,[5],12,27	d	1,2
圣保罗沙门氏菌	*S. saint-paul*	1,4,[5],12	e,h	1,2
里定沙门氏菌	*S. reading*	1,4,[5],12	e,h	1,5
彻斯特沙门氏菌	*S. chester*	1,4,[5],12	e,h	e,n,x
德尔卑沙门氏菌	*S. derby*	1,4,[5],12	f,g	[1,2]
阿贡纳沙门氏菌	*S. agona*	1,4,12	f,g,s	—
埃森沙门氏菌	*S. essen*	4,12	g,m	—
加利福尼亚沙门氏菌	*S. california*	4,12	g,m,t	—
金斯顿沙门氏菌	*S. kingston*	1,4,[5],12,27	g,s,t	[1,2]
布达佩斯沙门氏菌	*S. budapest*	1,4,12,27	g,t	—
鼠伤寒沙门氏菌	*S. typhimurium*	1,4,[5],12	i	1,2
拉古什沙门氏菌	*S. lagos*	1,4,[5],12	i	1,5
布雷登尼沙门氏菌	*S. bredeney*	1,4,12,27	l,i	1,7
基尔瓦沙门氏菌Ⅱ	*S. kilwa* Ⅱ	4,12	l,w	e,n,x
海德尔堡沙门氏菌	*S. heidelberg*	1,4,[15],12	r	1,2
印第安纳沙门氏菌	*S. indiana*	1,4,12	z	1,7
斯坦利维尔沙门氏菌	*S. stanleyville*	1,4,[5],12,27	z_4,z_{28}	[1,2]
伊图里沙门氏菌	*S. ituri*	1,4,12	z_{10}	1,5
		C_1 群		
奥斯陆沙门氏菌	*S. oslo*	6,7	a	e,n,x
爱丁堡沙门氏菌	*S. edinburg*	6,7	b	1,5
布隆方丹沙门氏菌Ⅱ	*S. bloemfontein* Ⅱ	6,7	b	[e,n,x]:z_{42}
丙型副伤寒沙门氏菌	*S. paratyphi* C	6,7,[Vi]	c	1,5
猪霍乱沙门氏菌	*S. cholerae-suis*	6,7	[c]	1,5
猪伤寒沙门氏菌	*S. typhi-suis*	6,7	c	1,5
罗米他沙门氏菌	*S. lomita*	6,7	e,h	1,5

续表 2

菌　名	原　名	O 抗原	H 抗原	
			第一相	第二相
布伦登卢普沙门氏菌	*S. braenderup*	6,7	e,h	e,n,z_{15}
里森沙门氏菌	*S. rissen*	6,7	f,g	—
蒙得维的亚沙门氏菌	*S. montevideo*	6,7	g,m,[p],s	[1,2,7]
里吉尔沙门氏菌	*S. riggil*	6,7	g,t	—
奥雷宁堡沙门氏菌	*S. oranienbury*	6,7	m,t	—
奥里塔蔓林沙门氏菌	*S. oritamerin*	6,7	i	1,5
汤卜逊沙门氏菌	*S. thompson*	6,7	k	1,5
康科德沙门氏菌	*S. concord*	6,7	l,v	1,2
伊鲁木沙门氏菌	*S. irumu*	6,7	l,v	1,5
姆卡巴沙门氏菌	*S. mkamba*	6,7	l,v	1,6
波恩沙门氏菌	*S. bonn*	6,7	l,v	e,n,x
波茨坦沙门氏菌	*S. potsdam*	6,7	l,v	e,n,z_{15}
格但斯克沙门氏菌	*S. gdansk*	6,7	l,v	z_6
维尔肖沙门氏菌	*S. virchow*	6,7	r	1,2
婴儿沙门氏菌	*S. infantis*	6,7	r	1,5
巴布亚沙门氏菌	*S. papuana*	6,7	r	e,n,z_{15}
巴累利沙门氏菌	*S. bareilly*	6,7	y	1,5
哈特福德沙门氏菌	*S. hartford*	6,7	y	e,n,x
三河岛沙门氏菌	*S. mikawasima*	6,7	y	e,n,z_{15}
姆班达卡沙门氏菌	*S. mbandaka*	6,7	z_{10}	e,n,z_{15}
田纳西沙门氏菌	*S. tennessee*	6,7	z_{29}	—
	C_2　群			
习志野沙门氏菌	*S. narashino*	6,8	a	e,n,x
名古屋沙门氏菌	*S. nagoya*	6,8	b	1,5
加瓦尼沙门氏菌	*S. gatuni*	6,8	b	e,n,x
慕尼黑沙门氏菌	*S. muenchen*	6,8	d	1,2
曼哈顿沙门氏菌	*S. manhattan*	6,8	d	1,5
纽波特沙门氏菌	*S. newport*	6,8	e,h	1,2
科特布斯沙门氏菌	*S. kottbus*	6,8	e,h	1,5
茨昂威沙门氏菌	*S. tshiongwe*	6,8	e,h	e,n,z_{15}
林登堡沙门氏菌	*S. lindenburg*	6,8	i	1,2
塔科拉迪沙门氏菌	*S. takoradi*	6,8	i	1,5
波那雷恩沙门氏菌	*S. bonariensis*	6,8	i	e,n,z_{15}
利齐菲尔德沙门氏菌	*S. litchfield*	6,8	l,v	1,2
病牛沙门氏菌	*S. bovismorbificans*	6,8	r	1,5
查理沙门氏菌	*S. chailey*	6,8	z_4,z_{23}	e,n,z_{15}

续表 2

菌　名	原　名	O抗原	H抗原	
			第一相	第二相
		C_3　群		
巴尔多沙门氏菌	*S. bardo*	8	e,h	1,2
依麦克沙门氏菌	*S. emek*	8,20	g,m,s	
肯塔基沙门氏菌	*S. kentucky*	8,20	I	z_6
		C_4　群		
布伦登卢普沙门氏菌	*S. braenderup*	6,7,14	e,h	e,n,z_{15}
14^+ 变种	var. 14^+			
耶路撒冷沙门氏菌	*S. jerusalem*	6,7,[14]	z10	l,w
		D　群		
仙台沙门氏菌	*S. sendai*	1,9,12	a	1,5
伤寒沙门氏菌	*S. typhi*	9,12,Vi	d	—
塔西沙门氏菌	*S. tarshyne*	9,12	d	1,6
伊斯特本沙门氏菌	*S. eastbourne*	1,9,12	e,h	1,5
以色列沙门氏菌	*S. israel*	9,12	e,h	e,n,z_{15}
肠炎沙门氏菌	*S. enteritidis*	1,9,12	g,m	[1,7]
布利丹沙门氏菌	*S. blegdam*	9,12	g,m,q	—
沙门氏菌 Ⅱ	*Salmonella* Ⅱ	1,9,12	g,m,[s],t	[1,5]:[z_{42}]
都柏林沙门氏菌	*S. dublin*	1,9,12,[Vi]	g,p	—
芙蓉沙门氏菌	*S. seremban*	9,12	I	1,5
巴拿马沙门氏菌	*S. panama*	1,9,12	l,v	1,5
戈丁根沙门氏菌	*S. goettingen*	9,12	l,v	e,n,z_{15}
爪哇安纳沙门氏菌	*S. javiana*	1,9,12	l,z_{28}	1,5
鸡白痢沙门氏菌	*S. gallinarum-pullorum*	1,9,12	—	—
		E_1　群		
奥凯福科沙门氏菌	*S. okefoko*	3,10	c	z_6
瓦伊勒沙门氏菌	*S. vejle*	3,10	e,h	1,2
明斯特沙门氏菌	*S. muenster*	3,10	e,h	1,5
鸭沙门氏菌	*S. anatum*	3,10[15]	e,h	1,6
纽兰沙门氏菌	*S. newlands*	3,10	e,h	e,n,z_{15}
火鸡沙门氏菌	*S. meleagridis*	3,10[15]	e,h	l,w
雷根特沙门氏菌	*S. regent*	3,10	f,g,[s]	[1,6]
西翰普顿沙门氏菌	*S. westhampton*	3,10[15]	g,s,t	—
阿姆德尔尼斯沙门氏菌	*S. amounderness*	3,10	i	1,5
新罗歇尔沙门氏菌	*S. new-rochelle*	3,10	k	1,w
恩昌加沙门氏菌	*S. nchanga*	3,10	l,v	1,2
新斯托夫沙门氏菌	*S. sinstorf*	3,10	l,v	1,5
伦敦沙门氏菌	*S. london*	3,10[15]	l,v	1,6
吉韦沙门氏菌	*S. give*	3,10	l,v	1,7

续表 2

菌　名	原　名	O 抗原	H 抗原	
			第一相	第二相
鲁齐齐沙门氏菌	*S. ruzizi*	3,10	l,v	e,n,z_{15}
乌干达沙门氏菌	*S. uganda*	3,10	l,z_{13}	1,5
乌盖利沙门氏菌	*S. ughelli*	3,10	r	1,5
韦太夫雷登沙门氏菌	*S. weltevreden*	3,10	r	z_6
克勒肯威尔沙门氏菌	*S. clerkenwell*	3,10	z	1,w
列克星敦沙门氏菌	*S. lexington*	3,10	z_{10}	1,5
		E_4　群		
萨奥沙门氏菌	*S. sao*	1,3,9	e,h	e,n,z_{15}
卡拉巴尔沙门氏菌	*S. calabar*	1,3,9	e,h	l,w
山夫登堡沙门氏菌	*S. senftenberg*	1,3,9	g,[s],t	—
斯特拉特福沙门氏菌	*S. stratford*	1,3,9	i	1,2
塔克松尼沙门氏菌	*S. taksony*	1,3,9	i	z_6
索恩堡沙门氏菌	*S. schoeneberg*	1,3,9	z	e,n,z_{15}
		F　群		
昌丹斯沙门氏菌	*S. chandans*	11	d	e,n,x
阿柏丁沙门氏菌	*S. aberdeen*	11	i	1,2
布里赫姆沙门氏	*S. brijbhumi*	11	i	1,5
威尼斯沙门氏菌	*S. veneziana*	11	i	e,n,x
阿巴特图巴沙门氏菌	*S. abaetetuba*	11	k	1,5
鲁比斯劳沙门氏菌	*S. rubislaw*	11	r	e,n,x
		其　他　群		
浦那沙门氏菌	*S. poona*	1,13,22	z	1,6,[z_{59}]
里特沙门氏菌	*S. ried*	1,13,22	z_4,z_{23}	—
亚特兰大沙门氏菌	*S. atlanta*	13,23	b	—
密西西比沙门氏菌	*S. mississippi*	1,13,23	b	1,5
古巴沙门氏菌	*S. cubana*	1,13,23	z_{29}	[z_{37}]
苏拉特沙门氏菌	*S. surat*	[1],6,14,[25]	[r],i	e,n,z_{15}
松兹瓦尔沙门氏菌	*S. sundsvall*	1,6,14,25	z	e,n,x
非丁付斯沙门氏菌	*S. hvittingfoss*	16	b	e,n,x
威斯敦沙门氏菌	*S. weston*	16	e,h	z_6
上海沙门氏菌	*S. shanghai*	16	l,v	1,6
自贡沙门氏菌	*S. zigong*	16	l,w	1,5
巴圭达沙门氏菌	*S. baguida*	21	z_4,z_{23}	—
迪尤波尔沙门氏菌	*S. dieuppeul*	28	i	1,7
卢肯瓦尔德沙门氏菌	*S. luckenwalde*	28	z_{10}	e,n,z_{15}
拉马特根沙门氏菌	*S. ramatgan*	30	k	1,5
阿德莱沙门氏菌	*S. adelaide*	35	f,g	—
旺兹沃思沙门氏菌	*S. wandsworth*	39	b	1,2
雷俄格伦德沙门氏菌	*S. riogrande*	40	b	1,5
莱瑟沙门氏菌Ⅱ	*S. lethe* Ⅱ	41	g,t	—
达莱姆沙门氏菌	*S. dahlem*	48	k	e,n,z_{15}
沙门氏菌Ⅲ	*Salmonella* Ⅲ	61	l,v	1,5,7:[z_{57}]

二、培养基

1. 氨基酸脱羧酶试验培养基

成分:蛋白胨 5 g,酵母浸膏 3 g,葡萄糖 1 g,蒸馏水 1 000 mL,1.6%溴甲酚紫-乙醇 1 mL,*L*-氨基酸或 *DL*-氨基酸 0.5 g/100 L(或 1 g/100 mL),pH 6.8。

制法:除氨基酸以外的成分加热溶解后,分装每瓶 100 mL,分别加入各种氨基酸,包括赖氨酸、精氨酸和鸟氨酸。*L*-氨基酸按 0.5%加入。*DL*-氨基酸按 1%加入。再行校正 pH 至 6.8。对照培养基不加氨基酸。分装于灭菌的小试管内,每管 0.5 mL,上面滴加一层液体石蜡,115℃高温灭菌 10 min。

2. Baird-Parker 氏培养基

成分:胰蛋白胨 10 g,牛肉膏 5 g,酵母膏 1 g,丙酮酸钠 10 g,甘氨酸 12 g,氯化锂($LiCl \cdot 6H_2O$)5 g,琼脂 20 g,蒸馏水 950 mL,pH 7.5。

增菌剂的配法:30%卵黄盐水 50 mL 与除菌过滤的 1%亚碲酸钾溶液 10 mL 混合,保存于冰箱内。

制法:将各成分加到蒸馏水中,加热煮沸至完全溶解。冷至 25℃,校正 pH。分装每瓶 95 mL,121℃高温灭菌 15 min。临用时加热熔化琼脂,冷至 50℃,每 95 mL 加入预热至 50℃的卵黄亚碲酸钾增菌剂 5 mL,摇匀后倾注平板。培养基应是致密不透明的。使用前在冰箱储存不得超过 48 h。

3. 苯丙氨酸培养基

成分与制法:酵母膏 3 g,*DL*-苯丙氨酸 2 g(或 *L*-苯丙氨酸 1 g),Na_2HPO_4 1 g,NaCl 5 g,琼脂 12 g,蒸馏水 1 000 mL。pH 7.0,121℃灭菌 15 min。

4. 丙二酸钠培养基

成分:酵母浸膏 1 g,硫酸铵 2 g,K_2HPO_4 0.6 g,KH_2PO_4 0.4 g,NaCl 2 g,丙二酸钠 3 g,0.2%溴麝香草酚蓝溶液 12 mL,蒸馏水 1 000 mL,pH 6.8。

制法:先将酵母浸膏和盐类溶解于水,校正 pH 后再加入指示剂,分装于试管内,121℃高压灭菌 15 min。

试验方法:用新鲜的琼脂培养物接种样品,于(36±1)℃培养 48 h,观察结果。阳性者培养基由绿色变为蓝色。

5. 察氏培养基

成分与制法:蔗糖 3 g,$NaNO_3$ 0.3 g,K_2HPO_4 0.1 g,KCl 0.05 g,$MgSO_4 \cdot 7H_2O$ 0.05 g,$FeSO_4$ 0.001 g,琼脂 1.5~2.0 g,水 100 mL,自然 pH,0.10 MPa 灭菌 20 min。

6. 肠道菌增菌肉汤

成分:蛋白胨 10 g,葡萄糖 5 g,牛胆盐 20 g,Na_2HPO_4 8 g,KH_2PO_4 2 g,煌绿 0.015 g,蒸馏水 1 000 mL,pH 7.2。

制法:按上述成分配好,加热溶解,校正 pH,分装每瓶 30 mL,115℃高压灭菌 15 min。

7. 蛋白胨水(BPW)

成分:蛋白胨(或胰蛋白胨)20 g,NaCl 5 g,蒸馏水 1 000 mL,pH 7.4。

制法:按上述成分配制,分装小试管,121℃高压灭菌 15 min。

8. DHL 琼脂

成分：蛋白胨 20 g，牛肉膏 3 g，乳糖 10 g，蔗糖 10 g，去氧胆酸钠 1 g，硫代硫酸钠 2.3 g，柠檬酸钠 1 g，柠檬酸铁铵 1 g，中性红 0.03 g，琼脂 18～20 g，蒸馏水 1 000 mL，pH 7.3。

制法：将除中性红和琼脂以外的成分溶解于 400 mL 蒸馏水中，校正 pH。再将琼脂于 600 mL 蒸馏水中煮沸溶解，两液合并，并加入 0.5%中性红水溶液 6 mL，待冷至 50～55℃，倾注平板。

9. 蛋白胨水培养基

成分与制法：蛋白胨 10 g，NaCl 5 g，蒸馏水 1 000 mL，pH 7.2～7.4，121℃灭菌 20 min。

10. 底层培养基

葡萄糖 20 g，柠檬酸 2 g，$K_2HPO_4 \cdot 3H_2O$ 3.5 g，$MgSO_4 \cdot 7H_2O$ 0.2 g，琼脂（优质）12 g，蒸馏水 1 000 mL，pH 7.0，0.05 MPa 灭菌 15 min，用量 1 000 mL。

11. 淀粉培养基

成分与制法：蛋白胨 10 g，牛肉膏 5 g，NaCl 5 g，可溶性淀粉 2 g，琼脂 15～20 g，蒸馏水 1 000 mL，121℃灭菌 20 min。

12. 2%淀粉察氏培养基

成分与制法：2%淀粉，0.3% $NaNO_3$，0.05% KCl，0.1% K_2HPO_4，0.001% $FeSO_4$，0.5% $MgSO_4$，pH 6.7，121℃灭菌 20 min。

13. 淀粉琼脂培养基（高氏 1 号培养基）

成分：KNO_3 1 g，NaCl 0.5 g，K_2HPO_4 0.5 g，$MgSO_4 \cdot 7H_2O$ 0.5 g，$FeSO_4 \cdot 7H_2O$ 0.01 g，可溶性淀粉 20 g，琼脂 20 g，蒸馏水 1 000 mL，pH 7.2～7.4，121℃灭菌 30 min。

制法：先用少量水将淀粉调成糊状。再取 700 mL 水在电炉上煮沸，然后边搅拌边将淀粉糊倒入，同时须保持沸腾。然后将其他成分加入，溶解后补足水分至 1 000 mL。

14. 豆芽汁培养基（斜面保存用）

将黄豆用水浸泡一夜，放在室内（20℃左右），上面盖湿布，每天冲洗 1～2 次，弃去腐烂不发芽者，待发芽至 3 cm 左右即可；取 10 g 豆芽，加 100 mL 水，煮沸 0.5 h 后用纱布过滤，滤液补充蒸馏水至 100 mL，加入蔗糖 5%，琼脂 1.5～2 g，自然 pH，0.10 MPa 灭菌 20 min。

15. 豆芽汁葡萄糖培养基

豆芽浸汁（10 g 黄豆芽加水煮沸 30 min 后过滤）100 mL，葡萄糖 5 g，琼脂 1.5～2 g，自然 pH，0.10 MPa 灭菌 20 min。

16. ELek 氏培养基

成分：蛋白胨 20 g，麦芽糖 3 g，乳糖 0.7 g，NaCl 5 g，40% NaOH 1.5 mL，琼脂 15～20 g，蒸馏水 1 000 mL，pH 7.8。

制法：用 500 mL 蒸馏水溶解琼脂以外的成分，煮沸，并用滤纸过滤，用 1 mol/L 氢氧化钠校正 pH，用另外 500 mL 蒸馏水加热溶解琼脂。将两液混合，分装于试管内，每管 10 mL 或 20 mL，121℃高压灭菌 15 min。临用时加热熔化琼脂，倾注平板。

17. GN 增菌液

成分：胰蛋白胨 20 g，葡萄糖 1 g，甘露醇 2 g，柠檬酸钠 5 g，去氧胆酸钠 0.5 g，K_2HPO_4 4 g，KH_2PO_4 1.5 g，NaCl 5 g，蒸馏水 1 000 mL，pH 7.2。

制法：按上述成分配好，加热使溶解，校正 pH。分装每瓶 30 mL，115℃高压灭菌 15 min。

18. 改良 CHALMERS 培养基

大豆蛋白胨 3.0 g，肉浸膏 3.0 g，酵母浸膏 3.0 g，葡萄糖 20.0 g，乳糖 20.0 g，$CaCO_3$ 20.0 g，1%中性红溶液 5.0 mL，硫酸多黏菌素 B 100 IU/mL，琼脂 15.0 g，蒸馏水 1 000 mL，pH 6.0，120℃灭菌 15～20 min。

19. 改良 MRS 培养基

用于乳杆菌和明串珠菌的分离和增殖（或培养）。1 L 蒸馏水中溶解 15 g 琼脂后加入下列组分：蛋白胨 10 g，牛肉膏 8.0 g，酵母提取物 4 g，K_2HPO_4 2 g，柠檬酸二铵 2 g，乙酸钠 5 g，葡萄糖 20 g，吐温-80 1 mL，$MgSO_4 \cdot 7H_2O$ 0.20 g，$MnSO_4 \cdot 4H_2O$ 0.05 g，麦芽糖 5 g，苯乙醇 0.001 g，pH 6.2～6.4，121℃灭菌 15 min。

20. HE 琼脂

成分：蛋白胨 12 g，牛肉膏 3 g，乳糖 12 g，蔗糖 12 g，水杨素 2 g，胆盐 20 g，NaCl 5 g，琼脂 18～20 g，蒸馏水 1 000 mL，0.4%溴麝香草酚蓝 16 mL，Andrade 指示剂 20 mL，甲液 20 mL，乙液 20 mL，pH 7.5。

制法：将前面 7 种成分溶解于 400 mL 蒸馏水内作为基础液，将琼脂加入 600 mL 蒸馏水内，加热溶解。加入甲液和乙液于基础液内，校正 pH。再加入指示剂，并与琼脂液合并，待冷至 50～55℃，倾注平板。

注：①此培养基不可高压灭菌；②甲液的配制：硫代硫酸钠 34 g，柠檬酸铁铵 4 g，蒸馏水 100 mL；③乙液的配制：去氧胆酸钠 10 g，蒸馏水 100 mL；④Andrade 指示剂：酸性复红 0.5 g，1 mol/L 氢氧化钠溶液 16 mL，蒸馏水 100 mL。将复红溶解于蒸馏水中，加入氢氧化钠溶液。数小时后如复红褪色不全，再加氢氧化钠溶液 1～2 mL。

21. Honda 氏产毒肉汤

成分：水解酪蛋白 20 g，酵母浸膏粉 10 g，NaCl 2.5 g，Na_2HPO_4 15 g，葡萄糖 5 g，微量元素 0.5 mL，蒸馏水 1 000 mL，pH 7.5。

制法：溶解后校正 pH，121℃高压灭菌 15 min，待冷至 45～50℃时，加入林可霉素溶液（每毫升培养基内含 90 μg）。

22. 缓冲葡萄糖蛋白胨水

成分：K_2HPO_4 5 g，蛋白胨 7 g，葡萄糖 5 g，蒸馏水 1 000 mL，pH 7.0。

制法：将各成分混合，熔化后校正 pH，分装于试管内，每管 1 mL，121℃高压灭菌 15 min。

23. 煌绿乳糖胆盐（BGLB）肉汤

成分：蛋白胨 10.0 g，乳糖 10.0 g，牛胆粉（oxgall 或 oxbile）溶液 200 mL，0.1%煌绿水溶液 13.3 mL，蒸馏水 1 000 mL，pH 7.2±0.1。

制法：将蛋白胨、乳糖溶于约 500 mL 蒸馏水中，加入牛胆粉溶液 200 mL（将 20.0 g 脱水牛胆粉溶于 200 mL 蒸馏水中，pH 7.0～7.5），用蒸馏水稀释到 975 mL，调节 pH 至 7.4，再加入 0.1%煌绿水溶液 13.3 mL，用蒸馏水补足到 1 000 mL，用棉花过滤后，分装到有玻璃小倒管的试管中，每管 10 mL。121℃高压灭菌 15 min。

24. 克氏双糖铁琼脂（KI）

（1）上层培养基成分　血消化汤（pH 7.6）500 mL，琼脂 6.5 g，硫代硫酸钠 0.1 g，硫酸亚铁铵 0.1 g，乳糖 5 g，0.2%酚红溶液 5 mL。

(2)下层培养基成分　血消化汤(pH 7.6)500 mL,琼脂 2 g,葡萄糖 1 g,0.2%酚红溶液 5 mL。

(3)制法

①取血消化汤按上层和下层的琼脂用量,分别加入琼脂,加热溶解。

②分别加入其他各种成分。将上层培养基分装于烧瓶内,将下层培养基分装于灭菌试管(12 mm×100 mm)内,每管约 2 mL,115℃高压灭菌 10 min。

③将上层培养基放在 56℃水浴箱内保温;将下层培养基直立放在室温内,使其凝固。

④待下层培养基凝固后,以无菌操作将上层培养基分装于下层培养基的上面,每管约 1.5 mL,放成斜面。

25. 克氏双糖铁琼脂(换用方法)

成分:蛋白胨 20 g,牛肉膏 3 g,酵母膏 3 g,乳糖 10 g,葡萄糖 1 g,NaCl 5 g,柠檬酸铁铵 0.5 g,硫代硫酸钠 0.5 g,琼脂 12 g,酚红 0.025 g,蒸馏水 1 000 mL,pH 7.4。

制法:将除琼脂和酚红以外的各成分溶解于蒸馏水中,校正 pH,加入琼脂,加热煮沸,以熔化琼脂,加入 0.2%酚红水溶液 12.5 mL,摇匀,分装于试管内,装量宜多些,以便得到比较高的底层。121℃高压灭菌 15 min,放置高层斜面备用。

26. 氯化镁孔雀绿(MM)增菌液

甲液成分:胰蛋白胨 5 g,NaCl 8 g,KH_2PO_4 1.6 g,蒸馏水 1 000 mL;乙液成分:$MgCl_2$(化学纯)40 g,蒸馏水 100 mL;丙液:0.4%孔雀绿水溶液。

制法:分别按上述成分配好后,121℃高压灭菌 15 min 备用。临用时取甲液 90 mL,乙液 9 mL,丙液 0.9 mL,以无菌操作混合即可。

注:本培养基亦称作 Rappaport10(R10)增菌液。

27. 7.5%氯化钠肉汤

蛋白胨 10 g,牛肉膏 3 g,NaCl 75 g,蒸馏水 1 000 mL,pH 7.4,121℃灭菌 15 min。

28. 10%氯化钠胰酪胨大豆肉汤

成分:胰酪胨(或胰蛋白胨)17.0 g,植物蛋白胨(或大豆蛋白胨)3.0 g ,氯化钠 100.0 g,磷酸氢二钾 2.5 g,丙酮酸钠 10.0 g,葡萄糖 2.5 g,蒸馏水 1 000 mL,pH(7.3±0.2)。

制法:将上述成分混合,加热,轻轻搅拌并溶解,调节 pH,分装,每瓶 225 mL,121℃高压灭菌 15 min。

29. 卵黄琼脂培养基

成分:肉浸液 1 000 mL,蛋白胨 15 g,NaCl 5 g,琼脂 25～30 g,pH 7.5,50%葡萄糖水溶液,50%卵黄盐水悬液。

制法:用前 4 种成分制备培养基,分装每瓶 100 mL,121℃高压灭菌 15 min。临用时加热熔化培养基冷至 50℃,每瓶内加入 2 mL 50%葡萄糖水溶液和 10～15 mL 50%卵黄盐水悬液,摇匀倾注平板。

30. 酪素培养基(初筛分离用)

KH_2PO_4 0.03%,$MgSO_4 \cdot 7H_2O$ 0.05%,$ZnCl_2$ 0.001 4%,$Na_2HPO_4 \cdot 7H_2O$ 0.107%,NaCl 0.016%,$CaCl_2$ 0.000 2%,$FeSO_4$ 0.000 2%,酪素 0.4%,Trypticase 0.005%,琼脂 2%、pH 6.5～7.0,121℃灭菌 20 min。

31. MRS 培养基

用于乳杆菌和明串珠菌的分离和增殖(或培养)。1 L 蒸馏水中溶解 15 g 琼脂培养基后加入下列组分:蛋白胨 10 g,牛肉膏 10 g,酵母提取物 5 g,K_2HPO_4 2 g,柠檬酸二铵 2 g,乙酸钠 5 g,葡萄糖 20 g,吐温-80 1 mL,$MgSO_4 \cdot 7H_2O$ 0.58 g,$MnSO_4 \cdot 4H_2O$ 0.25 g,pH 6.2~6.4,121℃灭菌 15 min。

32. M17 培养基

植物蛋白胨 5.0 g,聚蛋白胨 5.0 g,牛肉膏 2.5 g,酵母提取物 5.0 g,抗坏血酸 0.5 g,琼脂 15.0 g,β-甘油磷酸二钠 19 g,$MgSO_4 \cdot 7H_2O$ 0.25 g,蒸馏水 1 000 mL,pH 7.1,121℃灭菌 15 min。

33. 马丁氏琼脂培养基

成分与制法:葡萄糖 1 g、蛋白胨 0.5 g、$KH_2PO_4 \cdot 3H_2O$ 0.1 g、$MgSO_4 \cdot 7H_2O$ 0.05 g、孟加拉红(1 mg/mL)0.33 mL、琼脂 1.5~2 g、水 100 mL、自然 pH,0.05 MPa 灭菌 30 min,再加下列试剂:2%去氧胆酸钠溶液 2 mL(预先灭菌,临用前加入)、链霉素溶液(1 万 U/mL)0.33 mL(临用前加入)。

34. 孟加拉红培养基

成分:蛋白胨 5.0 g,葡萄糖 10.0 g,磷酸二氢钾 1.0 g,硫酸镁(无水)0.5 g,琼脂 20.0 g,孟加拉红 0.033 g,氯霉素 0.1 g,蒸馏水 1 000 mL。

制法:上述各成分加入蒸馏水中,加热溶化,补足蒸馏水至 1 000 mL,分装后,121℃灭菌 20 min。倾注平板前,用少量乙醇溶解氯霉素加入培养基中。

35. 明胶培养基

成分与制法:牛肉膏蛋白胨 100 mL,明胶 12~18 g,在水浴锅中将上述成分熔化,不断搅拌。熔化后调 pH 7.2~7.4,121℃灭菌 20 min。

36. 麦康凯琼脂

成分:蛋白胨 17 g,胨胨 3 g,猪胆盐(或牛、羊胆盐)5 g,NaCl 5 g,琼脂 17 g,蒸馏水 1 000 mL,乳糖 10 g,0.01%结晶紫水溶液 10 mL,0.5%中性红水溶液 5 mL。

制法:将蛋白胨、胨胨、胆盐和 NaCl 溶解于 400 mL 蒸馏水中,校正 pH 7.2。将琼脂加入 600 mL 蒸馏水中,将两液合并,分装于烧瓶内,121℃高压灭菌 15 min 备用。临用时加热熔化琼脂,趁热加入乳糖,冷至 50~55℃,加入结晶紫和中性红水溶液,摇匀后倾注平板。

37. 马铃薯-葡萄糖-琼脂

成分:马铃薯(去皮切块) 300 g,葡萄糖 20.0 g,琼脂 20.0 g,氯霉素 0.1 g,蒸馏水 1 000 mL。

制法:将马铃薯去皮切块,加 1 000 mL 蒸馏水,煮沸 10~20 min。用纱布过滤,补加蒸馏水至 1 000 mL。加入葡萄糖和琼脂,加热溶化,分装后,121℃灭菌 20 min。倾注平板前,用少量乙醇溶解氯霉素加入培养基中。

38. 马铃薯葡萄糖(或蔗糖)琼脂培养基(PDA)

成分:马铃薯 200 g,蔗糖(或葡萄糖)20 g,琼脂 15~20 g,自来水 1 000 mL,自然 pH,121℃灭菌 15 min。

制法:马铃薯去皮,切成小块,加水煮软,用纱布过滤后加入糖和琼脂,熔化后补足水至 1 000 mL。

39. 米曲汁培养基

(1)蒸米　称取大米 20 g,洗净后浸泡 24 h,淋干,装入三角瓶,加棉塞,高压灭菌。

(2)接种培养　大米灭菌后,待冷至 28～32℃时,以无菌操作接入米曲霉的孢子,充分摇匀,置于 30～32℃培养 24 h后,摇动 1 次,再培养 5～6 h后,再摇动 1 次,2 d后,米曲成熟。

(3)将培养好的米曲取出,用纸包好,放入干燥箱,40～42℃干燥 6～8 h。用 1 份米曲加入 4 份水,于 55℃糖化 3～4 h,然后煮沸过滤,测糖度,调节糖度为 10～12°Brix,加琼脂 2%,115℃灭菌 15 min。

40. 米曲汁碳酸钙乙醇培养基

成分与制法:米曲汁(10～20°Brix)100 mL,碳酸钙 1 g,琼脂 2 g,95%乙醇 3～4 mL,自然 pH。配制时,不加乙醇,灭菌后再加入乙醇。

41. 木糖赖氨酸脱氧胆盐(XLD)琼脂

成分:酵母膏 3.0 g,*L*-赖氨酸 5.0 g,木糖 3.75 g,乳糖 7.5 g,蔗糖 7.5 g,去氧胆酸钠 2.5 g,柠檬酸铁铵 0.8 g,硫代硫酸钠 6.8 g,氯化钠 5.0 g,琼脂 15.0 g,酚红 0.08 g,蒸馏水 1 000 mL。

制法:将上述成分(酚红除外)溶解于 1 000 mL 蒸馏水,加热溶解,调至 pH 7.4±0.2。再加入指示剂,待冷至 50～55℃倾注平皿。

注:本培养基不需要高压灭菌,在制备过程中不宜过分加热,避免降低其选择性,贮于室温暗处。本培养基宜于当天制备,第二天使用。

42. 麦芽汁培养基

称取一定量的干麦芽粉,加 4 倍的水,在 58～65℃下糖化 3～4 h,每隔一定时间用碘液测定蓝色反应,如显蓝色,说明还没糖化彻底,直到加碘液无蓝色反应为止。这样得到的麦芽汁糖度为 10°Brix。煮沸后用纱布过滤调节 pH 至 6.0,121℃灭菌 15 min。

麦芽制法:取新鲜大麦(或小麦)若干,去杂,用水洗净,浸渍 6～12 h,使其发芽,但芽不能过长。然后将发芽之麦粒晒干或烘干,磨成粉末即得麦芽粉。

43. 麦芽汁碳酸钙固体培养基

成分与制法:麦芽汁(10°Brix)100 mL,$CaCO_3$(预先灭菌)1 g,琼脂 2 g,自然 pH,115℃灭菌 20 min。

44. 尿素培养基

成分:蛋白胨 1 g,NaCl 5 g,葡萄糖 1 g,KH_2PO_4 2 g,乳糖 1 g,0.4%酚红溶液 3 mL,琼脂 20 g,蒸馏水 1 000 mL,20%尿素溶液 100 mL,pH 7.2±0.1。

制法:将除尿素和琼脂以外的成分配好,校正 pH ,加入琼脂,加热熔化并分装于烧瓶内,121℃高压灭菌 15 min,冷却至 50～55℃,加入经除菌过滤的尿素溶液。尿素的最终浓度为 2%,最终 pH 应为 7.2±0.1。分装于灭菌试管内,放成斜面备用。

试验方法:挑取琼脂培养物接种,于(36±1)℃培养 24 h,观察结果。尿素酶阳性者由于产碱使培养基变为红色。

45. ONPG 培养基

成分:邻硝基酚 *β-D*-半乳糖苷(ONPG)60 mg,0.01 mol/L 磷酸钠缓冲液(pH 7.5)10 mL,1%蛋白胨水(pH 7.5)30 mL。

制法:将 ONPG 溶于缓冲液内加蛋白胨水,以过滤法除菌,分装于 10 mm×75 mm 试管,每管 0.5 mL，用橡皮塞塞紧。

试验方法：自琼脂斜面上挑取培养物 1 满环接种，于(36±1)℃培养 1～3 h 和 24 h 观察结果。如果 β-半乳糖苷酶产生，则于 1～3 h 变黄色，如无此酶则 24 h 不变色。

46. 庖肉培养基

成分：牛肉浸液 1 000 mL，蛋白胨 30 g，酵母膏 5 g，NaH_2PO_4 5 g，葡萄糖 3 g，可溶性淀粉 2 g，碎肉渣适量，pH 7.8。

制法：

①称取新鲜除去脂肪和筋膜的碎牛肉 500 g，加蒸馏水 1 000 mL 和 25 mL 1 mol/L NaOH 溶液，搅拌煮沸 15 min，充分冷却，除表层脂肪，澄清，过滤，加水补足至 1 000 mL，制得牛肉溶液。然后加入除碎肉渣外的各种成分，校正 pH 。

②碎肉渣经水洗后晾至半干，分装于 15 mm×15 mm 试管内 2～3 cm 高，每管加入还原铁粉 0.1～0.2 g 或铁屑少许。将①中所制液体培养基分装至每管内超过肉渣表面约 1 cm。上面覆盖熔化的凡士林或液体石蜡 0.3～0.4 cm。121℃高压灭菌 15 min。

47. 葡萄糖铵琼脂

成分：NaCl 5 g，$MgSO_4 \cdot 7H_2O$ 0.2 g，$NH_4H_2PO_4$ 1 g，K_2HPO_4 1 g，葡萄糖 2 g，琼脂 20 g，蒸馏水 1 000 mL，0.2%溴麝香草酚蓝溶液 40 mL，pH 6.8。

制法：先将盐类和糖溶解于水内，校正 pH ，再加琼脂，加热熔化，然后加入指示剂，混合均匀后分装于试管内，121℃高压灭菌 15 min。放成斜面冷却备用。

试验方法：用接种针轻轻触及培养物的表面，在盐水管内做成极稀的悬液，肉眼观察不见浑浊，以每一接种环内含菌数 20～100 为宜。将接种环灭菌后挑取菌液接种，同时再以同法接种普通斜面 1 支作为对照。于(36±1)℃培养 24 h。阳性者葡萄糖铵斜面上有正常大小的菌落生长；阴性者不生长，但在对照培养基上生长良好。如在葡萄糖铵斜面生长极微小的菌落，可视为阴性结果。

注：容器使用前应用清洁液浸泡，再用清水、蒸馏水冲洗干净，并用新棉花做成棉塞，干热灭菌后使用，如果操作时不注意，有杂质污染，易造成假阳性的结果。

48. 葡萄糖蛋白胨水培养基(V.P 和 MR 试验用)

成分：蛋白胨 5 g，葡萄糖 5 g，NaCl 5 g，蒸馏水 1 000 mL。

制法：将上述各成分溶于 1 000 mL 蒸馏水中，调 pH 7.2～7.4，过滤。分装试管，每管 10 mL，121℃灭菌 20 min。

49. 葡萄糖碳酸钙培养基

成分与制法：葡萄糖 1.5%，酵母膏 1%，$CaCO_3$ 1.5%，琼脂 2%，自然 pH，121℃灭菌 20 min。

50. 肉膏蛋白胨培养基

成分与制法：牛肉膏 0.5 g，蛋白胨 1.0 g，NaCl 0.5 g，水 100 mL，pH 7.2，0.10 MPa 灭菌 20 min。

51. PTYG 培养基

胰蛋白胨 0.5 g，酵母浸提物 1.0 g，大豆蛋白胨 0.5 g，葡萄糖 1.0 g，吐温-80 0.1 mL，盐溶液 4.0 mL，0.1%刃天青 0.1 mL，半胱氨酸・HCl・H_2O 0.05 g，蒸馏水 100 mL，琼脂 1.5 g，pH 6.8～7.0，115℃灭菌 15 min。

盐溶液配制：无水氯化钙 0.2 g，K_2HPO_4 1.0 g，$MgSO_4 \cdot 7H_2O$ 0.48 g，KH_2PO_4 1.0 g，$NaHCO_3$ 10.0 g，NaCl 2.0 g。混合氯化钙和 $MgSO_4 \cdot 7H_2O$ 在 300 mL 蒸馏水中至溶解。加 500 mL 水，一边搅拌，一边缓慢加入其他盐类，继续搅拌直到溶解，加 200 mL 蒸馏水，混合后于 4℃备用。

52. 氰化钾(KCN)培养基

成分：蛋白胨 10 g，NaCl 5 g，NaH_2PO_4 0.225 g，Na_2HPO_4 5.64 g，蒸馏水 1 000 mL，0.5%氰化钾溶液 20 mL，pH 7.6。

制法：将除氰化钾以外的成分配好后，分装烧瓶，121℃高温灭菌 15 min。放在冰箱内使其充分冷却。每 100 mL 培养基加入 0.5%氰化钾溶液 2.0 mL(最后浓度为 1∶10 000)，分装于 12 mm×100 mm 灭菌试管，每管约 4 mL，立刻用灭菌橡皮塞塞紧，放在 4℃冰箱内，至少可保存 2 个月。同时，将不加氰化钾的培养基作为对照培养基，分装试管备用。

试验方法：将琼脂培养物接种于蛋白胨水内成为稀释菌液，挑取 1 环接种于氰化钾(KCN)培养基。并另挑取 1 环接种于对照培养基。在(36±1)℃培养 1～2 d，观察结果。如有细菌生长即为阳性(不抑制)，经 2 d 细菌不生长为阴性(抑制)。

注：氰化钾是剧毒药物，使用时应小心，切勿沾染，以免中毒。夏天分装培养基应在冰箱内进行。试验失败的主要原因是封口不严，氰化钾逐渐分解，产生氢氰酸气体逸出，以致药物浓度降低，细菌生长，因而造成假阳性反应。试验时对每一环节都要特别注意。

53. 乳糖胆盐发酵管

成分：蛋白胨 20 g，猪胆盐(或牛羊胆盐)5 g，乳糖 10 g，0.04%溴甲酚紫水溶液 25 mL，蒸馏水 1 000 mL，pH 7.4。

制法：将蛋白胨、胆盐及乳糖溶于水中，校正 pH，加入指示剂，分装每管 10 mL，并放入一个小倒管，115℃高压灭菌 15 min。

注：双料乳糖胆盐发酵管除蒸馏水外，其他成分加倍。

54. 肉汤培养基(牛肉膏蛋白胨培养基)

成分与制法：牛肉膏 0.5%，蛋白胨 1%，NaCl 0.5%，pH 为 7.2～7.4，121℃灭菌 20 min。

固体肉汤培养基：上述肉汤培养基中加琼脂至琼脂含量为 2%。

半固体肉汤培养基：上述肉汤培养基中加琼脂至琼脂含量为 0.6%～0.8%。

55. SS 琼脂

(1)基础培养基

成分：牛肉膏 12 g，际胨 5 g，三号胆盐 3.5 g，琼脂 17 g，蒸馏水 1 000 mL。

制法：将牛肉膏、际胨和胆盐溶解于 400 mL 蒸馏水中，将琼脂加入于 600 mL 蒸馏水中，煮沸使其溶解，再将两液混合，121℃高压灭菌 15 min，保存备用。

(2)完全培养基

成分：基础培养基 1 000 mL，乳糖 10 g，柠檬酸钠 8.5 g，硫代硫酸钠 8.5 g，10%柠檬酸铁溶液 10 mL，1%中性红溶液 2.5 mL，0.1%煌绿溶液 0.33 mL。

制法：加热熔化基础培养基，按比例加入上述染料以外之各成分，充分混合均匀，校正至 pH 7.0，加入中性红和煌绿溶液，倾注平板。

注：①制好的培养基宜当日使用，或保存于冰箱内于 48 h 内使用。②煌绿溶液配好后应

在 10 d 以内使用。③可以购用 SS 琼脂的干燥培养基。

56. 三角瓶麸曲培养基

冷炸豆饼 55%,麸皮 45%,水分 90%(占总料量的百分比),充分润湿混匀。每 300 mL 三角瓶装湿料 20 g,于 0.12 MPa 灭菌 25 min。

57. 四硫酸钠煌绿(TTB)增菌液

基础培养基成分:多胨或际胨 5 g,胆盐 1 g,碳酸盐 10 g,硫代硫酸钠 30 g。

碘溶液成分:碘 6 g,碘化钾 5 g,蒸馏水 1 000 mL。

制法:将基础培养基的各成分加入蒸馏水中,加热溶解,分装每瓶 100 mL。分装时应随时振摇,使其中的碳酸盐混匀。121℃高压灭菌 15 min 备用。临用时每 100 mL 基础培养基中加入碘溶液 2 mL,0.1%煌绿溶液 1 mL。

58. 石蕊牛奶培养基

牛奶粉 100 g,石蕊 0.075 g,水 1 000 mL,pH 6.8,121℃灭菌 15 min。

59. 三糖铁琼脂(TSI)

成分:蛋白胨 20 g,牛肉膏 3 g,乳糖 10 g,蔗糖 10 g,葡萄糖 1 g,NaCl 5 g,硫酸亚铁铵 [$Fe(NH_4)_2(SO_4)_2 \cdot 6H_2O$]0.5 g,硫代硫酸钠 0.5 g,琼脂 12 g,酚红 5 g,蒸馏水 1 000 mL,pH 7.4。

制法:将除琼脂和酚红以外的各成分溶解于蒸馏水中,校正 pH。加入琼脂,加热煮沸,以熔化琼脂。加入 0.2%酚红水溶液 12.5 mL,摇匀。分装试管,装量宜多些,以便得到较高的底层。121℃高压灭菌 15 min,放置高层斜面备用。

60. 糖发酵培养基(葡萄糖、乳糖或蔗糖)

蛋白胨 1 g、NaCl 0.5 g、葡萄糖(乳糖或蔗糖)1 g、蒸馏水 100 mL、pH 7.4,配制时将蛋白胨先加热溶解,调节 pH 之后,加入溴甲酚紫溶液(1.6%水溶液),待呈紫色,再加入葡萄糖(或其他糖),使之溶解,分装试管,最后将杜氏小管倒置放入试管中,0.05 MPa 灭菌 30 min。

61. 兔血浆

成分:取柠檬酸钠 3.8 g,加蒸馏水 100 mL,溶解后过滤,装瓶,121℃高压灭菌 15 min。

制法:取 3.8%柠檬酸钠溶液 1 份,加兔全血 4 份,混合静置(或以 3 000 r/min 离心 30 min),使血液细胞下降,即可得血浆。

62. 西蒙氏柠檬酸琼脂

成分:NaCl 5 g,$MgSO_4 \cdot 7H_2O$ 0.2 g,$NH_4H_2PO_4$ 1 g,K_2HPO_4 1 g,柠檬酸钠 5 g,琼脂 20 g,蒸馏水 1 000 mL,0.2%溴麝香草酚蓝溶液 40 mL,pH 6.8。

制法:先将盐类溶解于水内,校正 pH ,再加琼脂,加热熔化,然后加入指示剂,混合均匀后分装于试管内,121℃高压灭菌 15 min。放成斜面冷却备用。

试验方法:挑取少量琼脂培养物接种,于(36±1)℃培养 4 d,每天观察结果。阳性者斜面上有菌落生长,培养基从绿色转为蓝色。

63. 细菌基本培养基

葡萄糖 0.5%,$(NH_4)_2SO_4$ 0.2%,柠檬酸钠 0.1%,$MgSO_4 \cdot 7H_2O$ 0.02%,K_2HPO_4 0.4%,KH_2PO_4 0.6%,处理琼脂 2%。用 100 mL 蒸馏水配制,pH 7.0～7.2,121℃灭菌

20 min。

处理琼脂的制作方法：先将琼脂用低于45℃的温水浸泡1～2次，除去可溶性杂质、无机盐、生长素和色素，然后放在自来水中流水冲洗2～3 d；至颜色变为白色为止，拧干，在95%乙醇中过夜，次日取出，拧干乙醇，把洗净的琼脂放在两层纱布中间，辅成薄层，晾干后备用。

64. 血琼脂平板

成分：营养琼脂100 mL，脱纤维羊血或兔血5～10 mL。

制法：加热熔化琼脂，冷至50℃，以无菌操作加入脱纤维羊血或兔血，摇匀，倾注平板或分装灭菌试管，摆成斜面。

65. 月桂基硫酸盐胰蛋白胨(LST)肉汤

成分：胰蛋白胨或胰酪胨20.0 g，氯化钠5.0 g，乳糖5.0 g，磷酸氢二钾2.75 g，磷酸二氢钾2.75 g，月桂基硫酸钠0.1 g，蒸馏水1 000 mL，pH 6.8±0.2。

制法：将上述成分溶解于蒸馏水中，调节pH。分装到有玻璃小倒管的试管中，每管10 mL。121℃高压灭菌15 min。

66. 伊红美蓝琼脂(EMB)

成分：蛋白胨10 g，乳糖10 g，K_2HPO_4 2 g，琼脂17 g，2%伊红Y溶液20 mL，0.65%美蓝溶液10 mL，蒸馏水1 000 mL，pH 7.1。

制法：将蛋白胨、磷酸盐和琼脂溶解于蒸馏水中，校正pH，分装于烧瓶内，121℃灭菌15 min备用。临用时加热熔化琼脂，加入乳糖。冷至50～55℃，加入伊红Y和美蓝，摇匀倾注平板。可使用商品EMB琼脂粉状培养基。

67. 亚硫酸铋琼脂(BS)

成分：蛋白胨10 g，牛肉膏5 g，葡萄糖5 g，$FeSO_4$ 0.3 g，Na_2HPO_4 4 g，煌绿0.025 g，柠檬酸铋铵2 g，亚硫酸钠6 g，琼脂18～20 g，蒸馏水1 000 mL，pH 7.5。

制法：将前面5种成分溶解于300 mL蒸馏水中。将柠檬酸铋铵和亚硫酸钠另用50 mL蒸馏水溶解。将琼脂于600 mL蒸馏水中煮沸溶解，冷至80℃。将以上三液合并，补充蒸馏水至1 000 mL，校正pH，加0.5%煌绿水溶液5 mL，摇匀。冷至50～55℃，倾注平皿。

注：此培养基不需高压灭菌。制备过程不宜过分加热，以免降低其选择性。应在临用前一天制备，贮存于室温暗处。超过48 h不宜使用。

68. 亚硒酸盐胱氨酸(SC)增菌液

成分：蛋白胨5 g，乳糖4 g，亚硒酸氢钠4 g，Na_2HPO_4 5.5 g，KH_2PO_4 4.5 g，*L*-胱氨酸0.1 g，蒸馏水1 000 mL。

制法：1% *L*-胱氨酸-氢氧化钠溶液的配法：称取*L*-胱氨酸0.1 g(或*DL*-胱氨酸0.2 g)，加1 mol/L NaOH 1.5 mL，溶解，再加入蒸馏水8.5 mL即成。

将除亚硒酸氢钠和*L*-胱氨酸以外的各成分溶解于900 mL蒸馏水中，加热煮沸，冷却备用。另将亚硒酸氢钠溶解于100 mL蒸馏水中，加热煮沸，冷却，以无菌操作与上液混合。再加入1% *L*-胱氨酸-氢氧化钠溶液1 mL。分装于灭菌瓶中，每瓶100 mL，pH应为7.0±0.1。

69. 营养琼脂培养基

成分：蛋白胨10.0 g，牛肉膏3.0 g，氯化钠5.0 g，琼脂15.0～20.0 g，蒸馏水1 000 mL。

制法：将除琼脂以外的各成分溶解于蒸馏水内，校正 pH 至 7.2～7.4。加入琼脂，加热煮沸，使琼脂熔化。分装烧瓶，121℃高压灭菌 15 min。

70. 油脂培养基

蛋白胨 10 g，牛肉膏 5 g，NaCl 5 g，香油或花生油 10 g，1.6％中性红水溶液 1 mL，琼脂 15～20 g，蒸馏水 1 000 mL，pH 7.2，121℃灭菌 20 min。

注：①不能使用变质油。②油和琼脂及水先加热。③调好 pH 后，再加入中性红。④分装时，需不断搅拌，使油均匀分布于培养基中。

71. 种子培养基与发酵培养液

(1)种子培养基　葡萄糖 1.0 g，酵母膏 0.5 g，牛肉膏 0.5 g，氯化钠 0.5 g，加水定容至 100 mL，调 pH 至 7.2～7.4。

(2)发酵培养液　葡萄糖 60 g，蛋白胨 30 g，酵母膏 15 g，牛肉膏 30 g，氯化钠 15 g，氯化铵 15 g，加水定容至 3 000 mL，调 pH 至 7.2～7.4。

三、试剂

1. 靛基质试剂

柯凡克试剂：将 5 g 对二甲氨基苯甲醛溶解于 75 mL 戊醇中，然后缓慢加入浓盐酸 25 mL。

欧-波试剂：将 1 g 对二甲氨基苯甲醛溶解于 95 mL 95％酒精内，然后缓慢加入浓盐酸 20 mL。

试验方法：挑取小量培养物接种，于(36±1)℃培养 1～2 d，必要时可培养 4～5 d。加入柯凡克试剂约 0.5 mL，轻摇试管，阳性者于试剂层呈深红色；或加入欧-波试剂约 0.5 mL，沿管壁流下，覆盖于培养液表面，阳性者与液面接触处呈玫瑰红色。

2. 番红染色液

成分：番红(safranin O)2.5 g，95％乙醇 100 mL。

制法：取上述配好的番红酒精溶液 10 mL 与 80 mL 蒸馏水混匀即可。

3. 斐林试剂

斐林试剂 A：溶解 3.5％硫酸铜晶体($CuSO_4 \cdot 5H_2O$)于 100 mL 水中，浑浊时过滤。

斐林试剂 B：溶解酒石酸钾钠晶体 17 g 于 15～20 mL 热水中，加入 20 mL 20％的氢氧化钠，稀释至 100 mL。此 2 种溶液要分别贮藏，使用时取等量试剂 A 和试剂 B 混合。

4. 革兰氏染色液

(1)草酸铵结晶紫染色液

A 液：结晶紫(cryshal violet)2 g，95％乙醇 20 mL。

B 液：草酸铵(ammoium oxalate)0.8 g，蒸馏水 80 mL。

混合 A 液和 B 液，静置 48 h 后过滤使用。

(2)Lugol 氏碘液

成分：碘 1.0 g，碘化钾 2.0 g，蒸馏水 300 mL。

制法：先将碘化钾溶于 5～10 mL 蒸馏水中，再加入碘，使其完全溶解后，再加蒸馏水至 300 mL。

(3)沙黄复染液

成分:沙黄 0.25 g,95%乙醇 10.0 mL,蒸馏水 90.0 mL。

制法:将沙黄溶解于乙醇中,然后用蒸馏水稀释。

5. 甲基红试剂

成分:甲基红(methyl red)0.2 g,95%乙醇 360 mL,蒸馏水 200 mL。

制法:先将甲基红溶于 95%乙醇中,然后再加入蒸馏水。

6. 孔雀绿染液

成分:孔雀绿(malachite green)5 g,蒸馏水 100 mL。

制法:将 5 g 孔雀绿溶解于 100 mL 蒸馏水中,摇匀即可。

7. 吕氏碱性美蓝染色液

A 液:美蓝(methylene blue)0.6 g,95%乙醇 30 mL。

B 液:KOH 0.01 g,蒸馏水 100 mL。

分别配制 A 液和 B 液,配好后混合即可。

8. 磷酸盐缓冲液

成分:磷酸二氢钾(KH_2PO_4)34.0 g,蒸馏水 500 mL,pH 7.2。

制法:

贮存液:称取 34.0 g 的磷酸二氢钾溶于 500 mL 蒸馏水中,用大约 175 mL 的 1 mol/L 氢氧化钠溶液调节 pH 至 7.2,用蒸馏水稀释至 1 000 mL 后贮存于冰箱。

稀释液:取贮存液 1.25 mL,用蒸馏水稀释至 1 000 mL,分装于适宜容器中,121℃高压灭菌 15 min。

9. 明胶磷酸盐缓冲液

成分:明胶 2 g,Na_2HPO_4 4 g,蒸馏水 1 000 mL,pH 6.2。

制法:将各成分混合,加热溶解,校正 pH,121℃高压灭菌 15 min。

10. 0.1%美蓝染色液

成分:美蓝 0.1 g,蒸馏水 100 mL。

制法:将 0.1 g 美蓝溶于 100 mL 蒸馏水中,摇匀即可。

11. 乳酸-石炭酸液(乳酸石炭酸棉蓝染色液)

成分:石炭酸 10 g,乳酸(相对密度 1.21)10 mL,甘油 20 mL,棉蓝(cotton blue)0.02 g,蒸馏水 10 mL。

制法:将石炭酸加在蒸馏水中加热溶解,然后加入乳酸和甘油,最后加入棉蓝,使其溶解即成。

12. 石炭酸复红染液

A 液:碱性复红(basic fuchsin)0.3 g,95%乙醇 10 mL。将碱性复红在研钵中研磨后,逐渐加入 95%乙醇,继续研磨使其溶解,即为 A 液。

B 液:石炭酸 5 g,蒸馏水 95 mL。将石炭酸溶于水即为 B 液。

将 A 液与 B 液混合即成。通常可将此混合液稀释 5~10 倍使用。稀释液易变质失效,一次不宜多配。

13. 无菌生理盐水

成分:氯化钠 8.5 g,蒸馏水 1 000 mL。

制法:称取 8.5 g 氯化钠溶于 1 000 mL 蒸馏水中,121℃高压灭菌 15 min。

14.吲哚试剂

成分:对二甲氨基苯甲醛 2 g,95%乙醇 190 mL,浓盐酸 40 mL。

制法:将 2 g 对二甲氨基苯甲醛溶于 190 mL 的 95%乙醇中,然后缓慢加入浓盐酸 40 mL。

15.亚硝基胍(NTG)

50,250,500 μg/mL 亚硝基胍:准确称取亚硝基胍,用甲酰胺 0.05 mL 助溶,以 pH 6.0 的 0.1 mol/L 磷酸缓冲液配制。

16.组氨酸-生物素混合液

称 31 mg *L*-盐酸组氨酸和 49 mg 生物素溶于 40 mL 蒸馏水中,备用。

参 考 文 献

[1] 杜连祥,路福平.微生物学实验技术.北京:中国轻工业出版社,2015.

[2] 沈萍,陈向东.微生物实验.5版.北京:高等教育出版社,2018.

[3] 赵述淼,葛向阳.酿造学.2版.北京:高等教育出版社,2018.

[4] 郝林,孔庆学,方祥.食品微生物学实验技术.3版.北京:中国农业大学出版社,2016.

[5] 丁延芹,杜秉海,余之和.农业微生物学实验技术.2版.北京:中国农业出版社,2014.

[6] 杨革.微生物学实验教程.3版.北京:科学出版社,2015.

[7] 钱存柔,黄仪秀.微生物学实验教程.2版.北京:北京大学出版社,2013.

[8] 黄亚东,韩群.发酵调味品生产技术.北京:中国轻工业出版社,2014.

[9] 樊明涛,赵春燕,朱丽霞.微生物学实验.北京:科学出版社,2015.

[10] 徐德强,王英明,周德庆.微生物学实验教程.4版.北京:高等教育出版社,2019.

[11] 王福红.动物性食品微生物检验.北京:中国农业出版社,2016.

[12] 袁丽红.微生物学实验.北京:化学工业出版社,2019.

[13] 陈坚,堵国成,刘龙.发酵工程实验技术.3版.北京:化学工业出版社,2018.

[14] 沈萍,陈向东.微生物学实验.5版.北京:高等教育出版社,2018.

[15] 王颖.微生物生物学实验教程.北京:科学出版社,2017.

[16] 杨民和.微生物学实验.北京:科学出版社,2012.

[17] 食品安全国家标准　食品微生物学检验　致泻大肠埃希氏菌检验,GB 4789.6—2016.北京:中国标准出版社,2016.

[18] 袁丽红.微生物学实验.北京:化学工业出版社,2019.

[19] 赵斌,林会,何绍江.微生物学实验.2版.北京:科学出版社,2017.

[20] 食品安全国家标准　食品微生物学检验　金黄色葡萄球菌检验,GB 4789.10-2016.北京:中国质检出版社, 2016.

[21] 姚勇芳,司徒满泉.食品微生物检验技术.2版.北京:科学出版社,2018.

[22] 李平兰,贺稚非.食品微生物学实验原理与技术.2版.北京:中国农业出版社,2011.

[23] 蔡信之,黄君红.微生物实验.4版.北京:科学出版社,2019.

[24] 刘慧.现代食品微生物学实验技术.2版.北京:中国轻工业出版社,2017.

[25] 食品安全国家标准　食品微生物学检验　霉菌和酵母菌计数, GB 4789.15—2016.北京:中国质检出版社,2016.